三菱 航空エンジン史
大正六年から終戦まで

著者
松岡久光

監修
中西正義

グランプリ出版

本書は、2005年（平成17年）9月10日に『三菱 航空エンジン史―大正六年より終戦まで』として三樹書房から出版されたものの内容はそのままに，軽装版としました。したがって、本書の記述は役職なども含めてすべて平成17年時点でのものであることをご了承下さい。　　編集部

本書によせて

三菱重工業株式会社　小牧南工場史料室長　　岡野　允俊

　三菱名古屋航空機は内燃機（エンジン）の製造から始まりました。機体は終戦時までに85機種の試作，開発機が造られました。零戦，百式司偵，一式陸攻，飛龍など優れた飛行機を製造してきましたが，これらの名機も搭載された発動機との相性があって，それぞれの性能を発揮しておりました。

　一般に飛行機として記憶に残るのは機体，外形であり，その飛行機がどんな発動機を積んでいようがあまり意識されません。本書は発動機を主体に書かれたものであり，あの名機を名機たらしめたのは，それぞれの発動機によるところ大であることを理解していただく為のもので，どんなに素晴らしい飛行機でも発動機が力不足であったり，信頼性が無かったりでは十分な成果を挙げられません。

　三菱の発動機は昭和初期までは確かなるものもなく，海軍をして（三菱の発動機よ，何処へ行く）などと揶揄されました。これがやがて「機体は三菱，エンジンは中島」という風潮になりましたが，この後，この汚名返上を成し遂げたのが深尾名発所長でした。それは，まず核になる三菱オリジナルのエンジンを造れということで「金星」が生まれ，以降それに改良を加えて「火星」「瑞星」というスターエンジンが生まれました。

　やがて三菱のエンジンは信頼性が高いという定評が得られ，攻撃機，爆撃機など力強く，また長時間の飛行を必要とする機種に採用されました。かの世界一周飛行を遂げた「ニッポン号」の金星発動機は，日本に帰りつくまで，ほとんど部品を交換する必要がなかったと言われたほどでした。

　やがて三菱の発動機は三菱機のみのものではなく，日本の，さらに世界の飛行機に搭載して貰えるものにすべきであるというビジョンを掲げ，各発動機の改良，派生型が開発されていきました。これらの機種は，多岐に亘るため素人では把握しにくいのですが，本書ではその点にも配慮され，容易に理解しやすくまとめられております。発動機は機体と違って，外観は皆同じような形で，妙味がなく，

飛行機のようにそのイメージで好き嫌いが決め難く，その発動機の開発，製造，整備等なんらかに拘わりのあった人だけが関心を持ち，一般的には機体ほど興味をもって貰えません。

そんな中で本書は，素人でも親しみやすく，機体と一体にして理解していただけるような解説がしてあります。発動機の本は，その多くがアカデミックであり，細部数字が多く出てくるので近寄り難い感がありますが，本書はエピソードなどを織り込まれ，その解説に親近感があります。

三菱の航空機には85年の歴史があり，それをきちんと残し，整理しておくことはメーカーとしての責任と捉え史料室を設け，関連史料を展示，保存しております。幸い多数の貴重な「資料」がありますが，折角のこれらの史料も保存するだけならば，単なる史料に終ってしまうことになりますが，これを活用して世に問うことによって「資料」として生きてきます。その様な主旨からも，今回松岡久光氏による本書の出版も今までになかった，発動機と機体を一体としてとらえた資料といえるものです。

また，多くの人々に三菱の発動機を理解していただく為の絶好の要約書であり，本書をもって，機体共々発動機にも興味を持っていただけることを願ってやみません。

三菱名発との関わりあい

監修者　中西　正義

　日本の航空工業は大正の揺籃から終戦ですべてが烏有に帰したあと，戦後の再開と茨の途を歩んだが三菱も例外ではなかった。今日見事に復活された姿を垣間みると流石だと思うが，これには端的にいって大三菱の「のれん」を感じない訳にはゆかない。

　本書は松岡さんの異常なまでの執念の成果であって，取材源だった戦時経験者の多くが故人となられた現在では，出版物として絶後のものと考えたい。はからずも原文を拝見できたことで，わずかな自分の体験がいかに乏しいものだったかを痛感させられ，目をうばわれたが，今の若い人達にも先人の努力が伝わってくるのではないかと思う。余談めくが，現在のプロ野球の「名古屋ドーム」が名発の跡地だったことさえ知らぬ人達も多いのではなかろうか。

　終戦までの私は羽田の役所に在勤したことで，何度か名発での講習会に参加したことがある。その最後の機会は昭和19年で名発の全盛期で，本書の157頁の光景は今も脳裡にきざまれている。また戦後私は再び民間航空に籍を得たが，この時も大幸工場に1年間駐在する奇縁があった。それはJALのツイン・ワスプエンジンの修復をお願いしていたためだったが，工場の責任者は本書によく登場される佐々木一夫／熊谷直孝のお二人だった。そしてその時伺った金星エンジンとの比較は示唆に満ちた内容で，東京に帰任後上司の指示で，それらをまとめ技術雑誌に寄稿した思い出もある。

　こうしたご縁はあったものの18気筒のハ－42，ハ－43等は噂さえ知らぬ儘終戦を迎え，その存在を知ったのは戦後日大の粟野誠一先生のおまとめになった『日本機械工業五十年』であり，そしてエンジンの現物に出会ったのは1983年にスミソニアン博物館においてが唯一であった。

　古き時代の先達の足跡を辿る機会を与えていただいた本書に監修者の立場からもあらためて感謝申し上げたい。

三菱航空エンジン史 目次

■第1篇　開発編

第1章　水冷式発動機

　　1・大空への道 …………………………………………………… 10

　　2・最初の発動機 ………………………………………………… 11

　　3・イスパノ水冷式発動機を選定 ……………………………… 12

　　4・イスパノ２００馬力発動機 ………………………………… 14

　　5・イスパノ３００，４５０馬力発動機 ……………………… 16

　　6・イスパノ６５０馬力発動機 ………………………………… 23

　　7・イスパノ以外の水冷式発動機 ……………………………… 28

第2章　空冷式発動機

　　1・空冷式発動機の開発 ………………………………………… 32

　　2・Ａ４発動機 …………………………………………………… 36

　　3・Ａ６（震天改）およびＡ７（震天）発動機 ……………… 43

　　4・Ａ８「金星」発動機 ………………………………………… 47

　　　　4－1・金星３型発動機 ……………………………………… 47

　　　　4－2・金星40型発動機 ……………………………………… 55

　　　　4－3・金星50，60型発動機 ………………………………… 64

　　5・「瑞星」発動機 ……………………………………………… 80

　　6・「火星」発動機 ……………………………………………… 91

　　7・Ａ18発動機 …………………………………………………… 111

8・A20発動機 ……………………………………………… 123
   9・A19，A21発動機 ……………………………………… 138
  10・その他の航空用原動機 ………………………………… 143
  11・太平洋戦争時における制式機の搭載発動機について …… 153
  12・発動機生産性の向上対策 ……………………………… 156
  13・発動機略称一覧表 ……………………………………… 160

■第2篇　資料編

  「三菱航空機略史」について ………………………………… 162
  第1章　序 ………………………………………………… 164
  第2章　発動機製作所の沿革 ……………………………… 165
  第3章　発動機の受注量 …………………………………… 167

参考文献 ……………………………………………………… 184
あとがき ……………………………………………………… 185

第1篇　開発編

第1章・水冷式発動機

1・大空への道

　平成16年（2004年）は，航空機発展の歴史にとって記念すべき年となっていた。それは，大空を鳥のように自由に飛びたいという長い人類の夢がアメリカのライト兄弟によって叶えられてから，丁度100年目の節目の年となっていたからである。
　1903年（明治36年）12月17日，アメリカのノースカロライナ州のキティホークの砂浜において，ライト兄弟が自製のフライヤー1号機を使用して4回の動力飛行を試みた。その最終の記録は，飛行時間59秒，飛行距離255mというささやかなものではあった。
　この飛行に使われたトネリコの骨組みに布貼りの複葉機に装備されていた発動機は，オートバイ用のチェーン・ドライブの4気筒，水冷式12馬力のものであった。
　その後，世界各国における飛行機製作熱は異常なまでに高まっていき，次々に新しい機体が開発され，や記録飛行に挑戦するようになっていった。
　わが国においても，明治43年12月19日には，陸軍の徳川好敏，日野熊蔵の両大尉による公開飛行が代々木練兵場において行われ，集まってきていた大群集を熱狂させている。
　この新しい飛行機が，近い将来において極めて有望な交通手段となり得るだけではなく，軍事上においても重要な役割を担うようになることを実証したのは，大正3年7月に勃発した第1次大戦におけるめざましい活躍振りであった。
　こうした飛行機の急激な進歩，発展に着目した三菱重工業株式会社は，この新分野が近い将来には極めて有望な市場に成長することを予想し，まず飛行機用発動機の製作に乗り出すことを決め，当時の三菱合資会社の神戸造船所内に内燃機課を設けて，その設計と製作を行う体制を整えることにした。
　従って，三菱が飛行機製作という新分野に初めて参入したのは，機体からではなく，発動機製作からだったのである。

2・最初の発動機

　大正6年春，海軍よりフランスのルノー社が製作していたV型空冷式8気筒70馬力発動機（気筒径96mm，行程120mm）の試作要請をうけたのが，三菱での最初の飛行機関係の仕事となった。

　この発動機は空冷式でありながら，気筒の配列は水冷式に似たV型のものであり，特別の付属装置としては，主軸に直結した遠心式送風機が付属しており，V配列の内側から外側に向けて風を流して気筒の冷却を行うという特殊な構造を持っていた。

　この発動機は，後の標準的な星型配列の空冷式発動機とくらべると極めて特殊な構造のものではあったが，これが使用されていた当時の飛行機の大きさや，速度からすると相応のものであり，各種の飛行機に幅広く搭載されていた。

　この頃，三菱でもまだ本格的な発動機製作体制が十分に整っていたわけではなかったが，他ならぬ海軍からの要請でもあり，また未経験の新分野に踏み込むための社内教育や製作実習を行うには良い機会になると考えて，この仕事を引き受けることにした。

　こうして，初めての発動機製作の仕事に取りかかってはみたものの，社内には誰一人として経験者はいなかっただけに，全くの五里霧中でのスタートとなった。

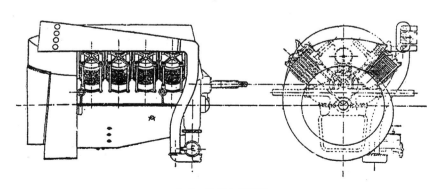

ルノー70馬力発動機

初めて取り組むこの仕事を何とか巧くこなすため，すでに大正2年から発動機の製作や修理の作業を実施していた海軍の横須賀工廠造機部に，大正6年9月から及能錠三，有田卯二郎らの技師3名に加えて工具数名を派遣し，約3ヵ月にわたる実習と見学を実施して，関連技術の習得に努めさせた。

　こうした苦労の末にやっと完成した初号機ではあったが，いざ試運転を始めてみると，2時間という短い連続試運転も満足に達成できないという情けない状態が続いた。

　後になって，こうした不具合の対策としては，製品の鋭く尖ったコーナー部（隅部）を油砥石で丹念に手入れして滑らかに仕上げれば，簡単に解決できることがわかったが，こうした簡単な作業も含めて，全くの初歩からの出発となっていた。

　このルノー発動機は，当時各国で広く使用されていたモーリス・ファルマン機にも装備されていたものであり，三菱では大正11年頃までに8台程度が製作されている。

　後に，三菱の良きライバルとなった中島飛行機株式会社が，発動機製作に乗り出したのは大正14年秋頃からであったので，三菱はこの分野においても，日本での先駆者としての役目を果していたことになる。

　このようにして，三菱が最初に手がけたのは空冷式発動機であったが，この後に本格的に取り組むことになったのは，当時ヨーロッパにおいて主流となっていたフランスのイスパノ社の水冷式発動機であった。

3・イスパノ水冷式発動機を選定

　ルノー70馬力発動機の製作を始めた頃から，三菱の社内組織や製作体制も次第に整備されていった。

　大正6年，神戸造船所内燃機課は造機部内燃機工場となり，大正7年9月には内燃機部に昇格した。さらに，大正8年には神戸内燃機製作所として神戸造船所

から分離した独立組織となり，次いで大正9年には，名古屋市に三菱内燃機製造会社が新たに独立して設立された。この時，それまでの内燃機製作所は神戸工場として存続することも決められた。

　この新会社は大正10年に，名古屋築港第6号地に飛行機及び自動車の生産を目的とする新工場を建設することを決めた。

　こうして，体制の整備が着々進行していく中にあって，どの形式の発動機を自社の製品とするかについての調査が社内の担当者間で慎重に進められていた。その結果，大正6年12月にはフランスのイスパノ・スイザ社との間に，同社が製作していた水冷式200馬力と300馬力発動機についての技術導入契約を結ぶ方針が決定した。

　このイスパノ社が選定された主な理由には，当時進行中であった第1次世界大戦において，フランスの飛行機製作技術が世界的にも高い評価を得ていたことがあった。

　特に，イスパノ発動機は，当時としては馬力あたりの重量が他社のものと比較して圧倒的に軽量となっており，しかも簡潔な構造を有していることに大きな魅力が感じられていた。また，この時期にあっては，前面空気抵抗が少なくて，大馬力が得られる水冷式発動機は，高速度を狙う航空機にとっては最も望ましいものと考えられていたのであった。

　大正7年1月になると，この技術契約の詳しい内容についての協議を行うために及能技師を長とする総勢18名の三菱側の代表団が結成され，この一行は船便を利用してアメリカを経由して先ずロンドンに着き，ここで先行していた伊藤久米蔵部長と合流して，長い長い旅の末に，やっと目的のパリに到着したのは3月中旬のこととなった。

　フランスに到着後も，一時パリ周辺にまで進攻してきていたドイツ軍からの長距離砲による砲撃をうけて避難するというきわどい場面もあり，戦火の中でのきびしい交渉が続いていたが，この年の11月には大正3年7月から始まっていた第1次世界大戦もドイツの敗北によってようやく終息し，その後は落ちついて契約作業に専念することができるようになった。

こうして，約1年半という思いがけない長時間を要した契約締結作業ではあったが，これが一段落した大正8年8月から翌年にかけて，関係者たちはそれぞれ分散して帰国することができた。
　以上のような長い苦労の末に持ち帰られた資料をもとにして，三菱が最初に製作に着手したのは，イスパノ200馬力発動機であった。

4・イスパノ200馬力発動機

1）製作経過
　本発動機は水冷式8気筒で，気筒径120mm，行程130mm，圧縮比4.7のものであった。
　その特徴としては，減速歯車付となっており，回転数を約3分の2まで減速し，減速歯車の軸中心に，当時としては珍しくも大口径のカノン砲を装着できる構造となっていた。大正8年より神戸において製作を開始し，翌年11月に初号機が完成した。
　ところが，完成して早速試運転を始めてみると，減速歯車が次々に破損するという思いがけないトラブルが続発した。
　やむを得ず，設計変更を

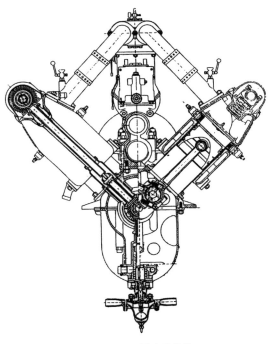

イスパノ200馬力発動機

行って対策を施してみたものの一向に終息せず，最後には国産の材料に変えることによって，ようやく解決することができた。この原因は，使用していた輸入材の材質不良であったとされている。

この減速歯車のトラブルは，本家のイスパノ社でも随分と悩まされていたらしく，先方からは，
　「他に，180馬力や220馬力の減速歯車を使っていない直結型もあるのに，なぜ三菱はわざわざ製作が難しいこの型を選んだのか」
と言われたこともあったという。

三菱がこの型を選んだ理由としては，回転数を低くすることによってプロペラ効率を高めることができると共に，軸芯に威力あるカノン砲を装着できることに魅力を感じてのことであったと思われる。

2）要目
第1－1表を参照のこと。

3）搭載機
a）海軍・ハンザ水上偵察機／中島，愛知

第1次世界大戦の戦利品としてドイツから受け取っていたハンザ・ブランデンブルグ複座水上機をモデルとして，海軍が中島と愛知に製作させたものである。両社で大正11年から14年にかけて約310機が製作され，昭和初期まで使用されていた。

b）陸軍・丙式1型（スパットS13）戦闘機

大正10年に陸軍の制式機となったもので，主に教育，訓練用に使用されていた。フランスからの輸入機のみが使用され，国産化はされていない。

4）製作台数
大正9年より15年まで154台。

丙式1型戦闘機

5・イスパノ300,450馬力発動機

1）製作経過

　最初に手掛けた200馬力発動機の製作台数は比較的少数に止まっていたが，次の300馬力と450馬力型は，大正9年から昭和9年にかけて1,100台以上が製作されており，当時最も広く使用された発動機となった。この二つの発動機の気筒径140mmと行程150mmは，後に三菱のみならず我が国の代表的空冷式発動機となった「金星」にも採用されている。

　300馬力型は，その製作された時点では国内での最高出力のものであったと共に，馬力あたりの重量も1kg（総重量298kg）と極めて軽いものであり，最軽量発動機という優れた特質を持っていたのである。

　次の450馬力型の製作は，大正14年より開始されたが，この頃になると三菱でのイスパノ発動機製作に関連した技術の習熟度も格段に向上しており，他社製作機にも三菱製作の本発動機が採用されるようになってきていた。

　この頃のイスパノ発動機は，三菱の看板発動機ともなっており，「水冷の三菱」とか，「イスパノの三菱」などと呼ばれるようになってきており，それにつれて工場の操業度も順調に伸びていた。

　大正14年5月には，本発動機の実用性を確認するため，4日間にわたる各務ヶ原→大村→盛岡→霞ヶ浦→各務ヶ原間，総飛行距離3,108km，1回の最長飛行距

離1,530kmという長距離飛行を成功させて，その評価を高めることができていた。

しかし，発動機の高出力化が進み，海軍の航空機運用の方式がより高度で複雑なものとなってくるにつれて，排気弁の焼損などの原因不明のトラブルが頻発するようになってきた。この種のトラブルは，次の650馬力発動機では更に多発するようになっていた。

イスパノ300馬力発動機

後になって，このトラブルは，使用燃料のオクタン価に関連したデトネーション（異常燃焼）の発生によるものと解明され，その対策として冷却弁に耐熱合金の盛金を行うことや，より良質の燃料を使用することなどが行われるようになったが，この頃は未だ十分な知識も経験も不足していたために，関係者たちが解決のために費やした努力は並大抵のものではなかった。

2）要目

第1－1表を参照のこと。

3）搭載機

3－1）イスパノ300馬力

a）陸軍・甲式4型戦闘機／中島

モデル機は，フランスのニューポール・ドラージュ29戦闘機であり，大正13年に制式に採用され，中島において国産化された。この機は，後に中島の91式戦に交代するまで長く使用されていた。

b）海軍・10式艦上戦闘機

　大正10年2月，海軍からの発注により，三菱がイギリスのソッピース社のハーバート・スミス技師ら9人を自社に招き，その指導を受けながら製作に着手し，同年9月末に第1号機が完成した。

　この機は，三菱としては，初めて製作した飛行機ではあったが，その飛行試験において良好な性能を示したことから，同年11月には制式機として採用された。

　本機の性能は，当時の諸外国機と比較しても決して遜色のないものとなっており，三菱の記念すべき第1作としては，幸先の良い成功作となった。

　本機の製作機数は，大正10年から昭和3年にかけて128機となっている。

c）海軍・10式艦上偵察機／三菱

　上述の10式艦上戦闘機をベースとして，スミス技師が設計した複座の艦上偵察機であり，大正11年1月に第1号機が完成し，制式機となったのは翌年の11月であった。

　本機は，実用性に非常に優れていたことから，昭和10年頃までの長期にわたって広く使用されていた。また，民間にも払い下げられて新聞社機，連絡通信機などとして使用されたものも多く，三菱では昭和5年までに，本機を民間機も含めて159機を製作している。

d）陸軍・試作近距離偵察機／三菱

　基本設計は，海軍の10式艦戦から発達したものであり，三菱が独自に試作したものであった。設計主務者は服部譲次技師であったが，同時に掲出した92式偵察機の原型機が採用となったため，試作されたのは昭和4年の1機のみであった。

3－2）イスパノ450馬力発動機
　a）海軍・13式艦上攻撃機／三菱

　三菱が先に製作していた10式艦上雷撃機（3葉機）をベースとして，スミス技師が再設計したものであり，第1号機は大正12年に完成した。本機の性能は優秀

中島甲式4型戦闘機

10式1号艦上戦闘機

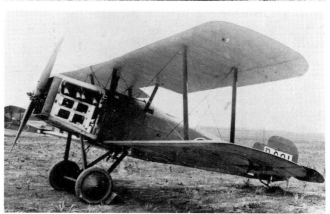

10式1号艦上偵察機

イスパノ450馬力発動機

13式艦上攻撃機

であり，且つ実用性にも優れていたことから，昭和8年までに民間用機を含めて各種の改造機が製作された。

　初期の機には，ネピア・ライオン発動機が装備されていたが，後にイスパノ450馬力に換装されている。

　本機の稼働率は極めて良好であり，海軍は大正末期から昭和の日中戦争の初期に至るまで，本機を爆撃，雷撃，偵察などの多用途にわたって活用していた。

　製作機数は，大正12年から昭和8年にかけて404機となっている。

b）陸軍・鳶型試作偵察機／三菱

　本機は，ドイツのシュツットガルト大学より三菱が招聘したバウマン教授の指導をうけて，仲田信四郎技師が設計主務となって設計したもので，試作第1号機は大正15年3月に完成した。

　この機は，縦横比の大きな一葉半式の翼を持った特徴ある機体で，性能も比較的良好であったが，軍の審査をうけている最中に事故を起こして失格となってしまった。製作機数は2機であった。

c）陸軍・87式軽爆撃機／三菱

　大正14年に行われた試作軽爆の競作に際して，三菱は海軍向けの13式艦上攻撃機をベースとしてこれを改造した試作機を製作した。設計主務者は松原元技師であり，大正15年3月に第1号機が完成した。

　比較審査が行われた結果，この機が特に操縦性が優れていたことと，実用性も高かったことから制式機として採用となり，昭和4年までに48機が製作された。

d）陸軍・隼型試作戦闘機／三菱

　陸軍は昭和2年，すでに旧式化していた甲式4型戦闘機に代わる高性能機の試作を中島，川崎及び三菱の3社に指示した。

87式軽爆撃機

隼型試作戦闘機

　三菱では，仲田技師が主務者となり，昭和3年5月に試作第1号機が完成した。本機は，バウマン教授の指導の下に多くの新機軸が採用されており，パラソル型単葉の翼を持った洗練された機体形状となっていた。

　本機の性能は3社の中で最も優秀であったことから，採用が期待されていたが，急降下テスト実施中に空中分解事故を起こして墜落し，テストパイロットの中尾純利操縦士は日本最初の落下傘降下者となった。

　この事故により，審査は一時中止となり，各社の機体の強度試験が改めて実施されたが，最終的には全社機共に失格となってしまった。

　e）海軍，鷹型試作戦闘機

　大正15年4月，海軍は中島，愛知，三菱の3社に対して10式艦上戦闘機に代わる新戦闘機の競争試作を命じた。

　三菱は，服部譲次技師を主務者として計画を行い，昭和2年7月に試作第1号機が完成し，第2号機も同年9月に納入された。

　本機には，海軍から特に海上不時着時に機体の浮揚力を確保するために，水密胴体，滑水底面，水密下翼前縁などにきびしい条件が付けられていた。

　三菱は真正直にこれに応えようとしたために大幅な機体重量の増大を招き，大きなハンディを負う機体となってしまった。これに対し，中島はイギリスのガンペット戦闘機に殆ど手を加えずにそっくり模倣し，水上浮揚の条件に対しては極めて簡単な対策を施したに過ぎなかった。結果的には，軽量にまとめられた中島機が採用になって3式艦上戦闘機となった。しかし，こうしたやや不明瞭な採否

の決定は，当時ようやく芽生えてきていた自主技術確立の動きに悪影響を与える結果となり，他国機の模倣に走る悪い気風を招いたとも言われている。なお，本試作機の製作機数は2機であった。

4）製作台数
大正9年より昭和9年まで
イスパノ300馬力710台
イスパノ400馬力439台

6・イスパノ650馬力発動機

1）製作経過

　三菱で製作したイスパノ発動機の最後の型となった650馬力型の気筒径と行程は，150mmと170mmであり，この寸法は後の「火星」発動機と同一のものであった。

　この第1号機は，昭和6年に完成したが，この担当技師は川上純三技師であった。

　650馬力型がイスパノ社で計画された頃は，同社特有の設計技術がますます円熟した時代でもあり，窒化鋼気筒及び中空冷却排気弁の採用などが，その顕著な例であった。

　しかし，当時の日本海軍の用兵の原則は，量の不足を質で補うというきびしいものであったために，本発動機を装備していた89式艦上攻撃機が，はげしい訓練中に重大事故を続発するようになった。

　この事故の内容は，ピストンの焼付，コネクティング・ロッドが折損してクランク・ケースを突き破る，更には排気弁の焼損が多発するなどであったが，これらが重なって起こったために深刻な問題となり，遂には「使用に堪えず」という厳しい烙印を押されて，一時空母から全機が降ろされてしまうという最悪の状態まで追い込まれてしまった。

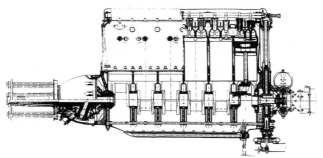

(横断面図)

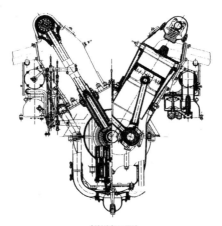

(縦断面図)

イスパノ650馬力発動機

これには，使用されていた燃料の関係もあったかも知れないが，繊細な構造を持っていた650馬力発動機自体の体質も，原因の一つとなっていたとも思われる。

かくして，イスパノ発動機は，有終の美を飾ることが出来ずに消え去ることになってしまった。

2）要目
第1－1表を参照のこと。

3）搭載機
a）海軍・89式艦上攻撃機／三菱

昭和3年2月，海軍は中島，愛知，川西及び三菱の4社に対して13式艦上攻撃機にかわる次期艦攻の競争試作を指示した。

これを受けた三菱は，これまでの艦攻の座を死守すべく，この機の基礎設計をイギリスのブラックバーン社（ブ社），ハンドレページ社及びかつて三菱に在籍していたスミス氏に委託した。

三菱は，提示されてきた各設計を比較し，最終的にブ社の設計を正式に提出した結果，昭和3年12月の海軍の設計審査において他社に勝ることができ，直ちにブ社に試作第1号機の製作を発注した。

完成したブ社の第1号機は，船便により昭和5年2月に日本に到着した。三菱

89式艦上攻撃機

では，この機によって試作第 2 号機の製作に着手し，同年10月末に完成させた。

この機が納入された初期の頃には若干の不具合も発生していたが，これに対策を施した結果，昭和 7 年 3 月には89式艦上攻撃機として制式採用となって，その量産も始まっていた。

ところが，前述しているように，本機を使用した訓練中に各種トラブルが続発して，三菱は窮地に追い込まれてしまった。

更に，性能不十分や製作費の高価などの欠点までが指摘されるようになったため，三菱は昭和 9 年に本機に大改造を実施したが，これが89式 2 号艦攻となった。

本機は，種々問題の多い機体ではあったが，この機に採用されていた翼型断面 B － 9 は非常に優れたものであり，その後三菱で製作された多くの優秀機にはこの翼型が使用されていた。

昭和10年までに本機は総計204機製作されていたが，前作の13式艦攻とくらべると，苦労した割りにはその評価は芳しいものではなかった。

4 ）製作台数

昭和 6 年より10年まで271台。

第 1-1 表・水冷式発動機要目表

呼称		社内呼称	筒数	筒径	行程	気筒容積	重量	圧縮比	減速比	出力 離昇	出力 公称	回転数 離昇	回転数 公称
海軍	陸軍												
同左		イスパノ200馬力	8	120	130	11.8	250	4.7	0.75	200	200	2000	2000
〃		イスパノ300馬力	8	140	150	18.4	290	5.3	直結	308	300	1850	1800
〃		イスパノ450馬力	12	140	150	27.7	390	6.0	0.621	585	450	2200	1800
〃		イスパノ650馬力	12	150	170	36.0	570	6.2	0.621	800	650	2300	2000
	93式700馬力	B1	12	150	170	36.0	555	—	0.621	810	720	2300	2000
		ユ式1型(L88)	12	160	190	46.0	980	5.8	0.508	820	800	1950	1850

27

7・イスパノ以外の水冷式発動機

1）製作経過

　三菱は主力発動機としていたイスパノ発動機の不振により，開業以来比較的順調に伸びてきていた発動機事業も，昭和7年頃より大きな苦難の時期を迎えていた。昭和7年度から昭和11年度迄の発動機受注量は，下表に示すように年間200台から300台前後の低水準に過ぎず，工場の操業度も落ち込む一方となっていた。

年　度	陸　軍	海　軍	計	年　度	陸　軍	海　軍	計
昭和7年度	119	126	245	昭和10年度	105	134	239
昭和8年度	142	132	274	昭和11年度	78	171	249
昭和9年度	124	179	303				

　これより少し前の昭和3年には，陸軍の92式超重爆撃機の第1号より第4号機に搭載されていたドイツ・ユンカース社のL88型880馬力（V型12気筒）の製作権を購入して10数台の製作を行った。これはイスパノ発動機とは違って，ドイツらしい信頼性確保に重点をおいた堅牢な構造のものであった。

　昭和7年には，イスパノ社とユンカース社の両発動機の製作によって得られた技術と経験を基にして，その頃から高空性能確保のために不可欠なものとなりつつあった機械式過給器を装備した水冷式700馬力（社内呼称B1）の自主製作を行った。

　このB1は，陸軍に採用されて93式700馬力と呼ばれるようになり，昭和8年1月には，三菱が試作第1号機を完成した93式重爆撃機に搭載されるようになった。しかし，これが稼働を開始した以降において，信頼性を欠いていたためにトラブルが続出し，その評価は芳しいものではなかった。特に，片発動機が停止した際の片肺飛行が困難であることが大きな問題となっていた。

　その後も，陸軍からの要請もあり，B1を改造して800馬力に出力アップしたB

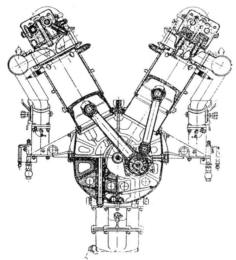

ユンカース・ユモL88H発動機

　3発動機や，海軍からの要請による小型高速発動機としてイスパノ650発動機を改造したB2 600馬力の開発も行っている。前者は昭和9年に，後者は昭和8年にそれぞれ完成したが，これらは当時の急速な大馬力化の波に追随することができず，共に短期間の後に消え去ってしまった。

93式700馬力発動機

　こうして，三菱は，イスパノ以後も幾つかの水冷式発動機の開発を継続していたものの，何一つとして社の基本形式となるものを完成させることはできずに終わった。
　この頃，三菱に対する有力なライバルに成長しつつあった中島は，いち早く単列の空冷式発動機一本に絞って活発な活動を続けており，陸海軍の多くの機種に搭載されて勢力を拡大しつつあった。
　三菱も水冷式だけでなく，一部では空冷式の開発も手がけてはいたものの，その規模は小さく，しかも計画的なものではなかった。
　こうした三菱の発動機事業の不振に対する世間の評価はきびしいものがあり，
　「三菱は優秀な技術者を数多く集めながら，一体何をしておるのか」
などの批判の声も聞こえてきていた。
　しかし，こうして暫く続いた三菱の発動機事業の苦境を一挙に切り開いた人物が社内に現れてきた。それは，名機「金星」発動機の産みの親ともいわれている深尾淳二であった。

2）要目
　Ｂ１及びＬ88発動機の要目については第１－１表参照のこと。

93式重爆撃機

3）搭載機
a）陸軍・93式重爆撃機機／三菱

昭和7年4月，陸軍は87式重爆（川崎製）に代わる新重爆の試作を三菱に指示した。これを受けた三菱では，仲田信四郎技師が設計主務となり，本庄季郎，小沢久之丞の各技師らと共に作業を開始し，昭和8年3月には試作第1号機を完成させた。

本機の構造全般の基本は，ドイツより輸入されたユンカースK-37軽爆撃機に倣（なら）っており，波型鋼板が各部に使用されていた。最初はイギリス製のロールス・ロイス・バザード800馬力発動機を搭載していたが，後に自社の93式700馬力発動機に換装された。

本機は118機が生産されたが，昭和11年に次の97式重爆が完成すると同時に生産が打ち切られてしまっている。

4）製作台数
a）B1……昭和7年より12年まで365台。
b）L88……昭和7年より8年まで18台。

第2章・空冷式発動機

1・空冷式発動機の開発

　三菱の主力発動機がイスパノ発動機であった時代においても，社内では細々ながらも空冷式発動機の開発が並行的に実施されていた。

　即ち，大正15年にはイギリスのアームストロング・シドレー社からジャガー，リンクス，モングース発動機などの製造権を得て，空冷式星型発動機の製作を行っていたのであった。この内，モングース130馬力は，昭和2年に製作されて海軍の3式1型練習機に搭載されていた。

　この中で，特筆すべきはジャガー400馬力であった。

　この発動機は直径1,130mmの小型複列星型14気筒であり，研究用として社内で製作された程度ではあったが，三菱が他社に先駆けて複列星型空冷式発動機の分野に取り組むきっかけを作ったものとなっている。

　これらの発動機の製作経験を手がかりとして，昭和3年にはＡ1，Ａ2，Ａ3（ＡはAIR COOLINGの意味）などの空冷式発動機の試作が行われたが，この内，Ａ1は海防義会からの受注で，昭和4年12月に完成した複列14気筒，公称700馬力のものであった。試運転では1,024馬力という大馬力を記録することができていたが，実用化の目処が得られないまま試作1台のみで終ってしまった。

　Ａ2は単列9気筒，300馬力であり，その改造型は320馬力に向上されて，陸軍の92式偵察機の試作第1号機に搭載されていたが，機体の要求性能を達成することができずにもたついていた所，これに代わって次のＡ5（単列9気筒，400馬力）に装備を変更した結果，一挙に30km／hの速度増大が得られ，その稼働率も優秀な実績を示すことができるようになった。

　この頃，海軍は特に空冷式大馬力発動機（当時は600乃至650馬力程度）の開発に極めて熱心であり，各社に対して競争試作の形でその試作を命じていた。

　これに対応して，三菱は昭和4年にＡ3（単列9気筒，最大600馬力）とＡ4

モングース130馬力発動機

A2・300馬力発動機

（複列14気筒，最大800馬力）を並行して計画を進めることとし，Ａ３は昭和５年に，Ａ４は昭和６年にそれぞれ試作が完了した。

　ところが，Ａ３の試運転状況は極めて不満足であったのに対して，Ａ４は初期の頃には比較的好調であったことから，Ａ３の開発を打ち切ってＡ４に重点を置くことにされた。しかし，このＡ４も，その後実機に搭載されてからは，相次ぐ事故の発生によって担当者を悩ませることになってしまった。

　こうして，昭和４年頃から昭和９年に至る迄の６年間には，巨額の研究試作費を投じ，10数種，50台余という多種類の試作発動機の製作を行いながらも，基本形式となるものは１機種も完成することができず，さらに生産の主力であったイスパノ式水冷式発動機の事故多発もあって，三菱の発動機事業は極度の不振に陥ってしまった。

　加えて，昭和８年には，陸軍から試作指示をうけていた大馬力発動機のＡ６と，海軍の推す海防義会の設計委員会が設計したＡ７の二つの発動機の試作を同時に並行して実施することになった。このＡ６，Ａ７は気筒径が，Ａ４の140mmと同一であったのに，行程のみが150，160，170mmと少しずつ異なっており，しかも機構も三者三様であったために，いたずらに工場での製作工程の混乱を助長するだけのものとなってしまった。

この頃，アメリカにおいては，プラット社及びライト社が共に単列9気筒の空冷式大馬力発動機を完成し，欧州勢を凌ぐほどのめざましい発展を遂げつつあった。

　この状況を見た三菱は，昭和9年にプラット社のホーネット700馬力（三菱呼称，明星2型，A12）の製作権を購入して，その優れた技術の吸収に努めることにしたが，これを通じて学んだ多くの優れた技術は，後々まで三菱の技術発展に大きく寄与することとなった。

　こうした次の時代への胎動期を経た後，遂に三菱は発動機事業を再生させる画期的な転換期を迎えることになったのである。

　なお，三菱製作の初期空冷式発動機の要目は表2－1に示す。

第 2−1 表　三菱初期の空冷式発動機要目表

呼　　　称	社内呼称	形　式	筒数	筒径	行程	重量	出力 離昇	出力 公称	回転数 離昇	回転数 公称
三菱ルノー発動機		V型空冷式	8	96	120	190	70	70	1800	1800
モングース発動機力		単列星型空冷式	5	127	140	188	162	130	1780	1620
海防義会空冷700馬力発動機	A1	複列星型空冷式	14	155	185	734	1024	700	1800	6850
三菱空冷300馬力発動機	A2	単列星型空冷式	9	127	140	264	338	300	2200	2000
三菱空冷600馬力発動機	A3	単列星型空冷式	9	160	175	440	680	600	2100	2000
明星2型発動機	A12	単列星型空冷式	9	155	170	555	810	760	2300	2250

2・A4発動機

1）製作経過

このA4発動機に対する評価は様々ではあるが，本機は後に，三菱のみならず，日本を代表する名機となった「金星」発動機の原型となったものであり，且つ，当時としては大出力の離昇出力800馬力を目指した，三菱のみならず日本最初の本格的な複列式の14気筒発動機であった。本機は昭和5年4月に設計が開始された。担当技師はその頃欧州出張を終えて帰社していた酒光義一技師であり，翌年の8月に第1号機が完成した。

このA4を最初に搭載したのは，その頃海軍が試作中であった7試艦上戦闘機（昭和7年度試作）であり，この機の設計主務者は入社後7年目の気鋭の堀越二郎技師（後の零戦の設計主務者）であった。

本発動機は7試艦戦以降も，海軍の9試艦上攻撃機，93式双発艦上攻撃機などにも採用されたが，次々に大小のトラブルが発生し，完成後の約4年間はA4にとってはきびしい苦難の時代が続いた。担当の酒光技師も，この発動機を構成する全部品を，ボルト，ナット，ワッシャーに至るまで次から次に破損し続け，次の「金星」発動機の開発に着手する直前に，

「このA4には，もうこれ以上壊れる箇所はありません。全ての部品は皆壊し尽くしましたので…」

とまで言ったという。

確かに，このA4は終始トラブルに悩まされ続けた発動機であったかも知れないが，この後のA8「金星」の名声を高めることになった高信頼性も，この発動機における長い苦闘の間に得られた貴重な経験によると言っても過言ではあるまい。

2）構造の特質

このA4はのちに「金星旧型」，「同1型」，「同2型」の3種に細分されるが（42頁の表参照），旧型については殆ど記録が残っていない。1型と2型は3型に至る過渡的なもので，アメリカのサイクロンなどを参考にした程度で，三菱の独

金星1型発動機
(国立科学博物館保存)

(側面)

(正面)

(後面)

金星2型発動機

自構想によるものであった。目立った構造としてカムと排気孔の配置だけをとってみても、のちの3型とは大きく異なっている。即ち

  1型, 2型：カムは気筒の後方集中,
           排気孔は前方向け
  3型　　：カムは気筒の前方集中,
           排気孔は後方向け

と正反対になっていて、この3型はアームストロング社に倣ったことが明らかである。この3型に続く金星、瑞星、火星のすべての14気筒エンジンはこの3型の配列が踏襲されて三菱空冷式発動機の特長となった。

　さらにマスターロッドの軸受は1型, 2型ともに伝統的なホワイトメタルで

あり，気化器は昇流式，クランクケースはアルミ合金の鋳造一体式となっている。

なお，前記の排気孔の前方向けは気筒の冷却に配慮したとされたが，これは逆に気筒には致命的な欠陥となり，機体搭載後の筒温上昇や装備上の不便さを招いたためA8以降は全て後方向けに統一された。

3) 要目

第2-2表を参照のこと。

4) 搭載機

4-1) 金星旧型搭載機

a) 海軍・7試艦上戦闘機／三菱

昭和7年，海軍はそれまで外国技術に頼ることの多かった航空機について，自主国産技術による近代化を強力に推進する基本方針を固め，それを統率する海軍航空技術廠（空技廠）を同年4月1日に発足させた。7試計画（昭和7年度試作計画）は，その初年度として意欲的な計画となっており，7試艦戦もこれに含まれていた。

この機で初めて設計主務者を務めた堀越二郎技師は，この後に，空前の傑作機となった零式艦上戦闘機を含む三菱製作のすべての海軍戦闘機の主務者を務めている。

7試艦上戦闘機

7試の計画においては，当時空母に搭載されていた艦上戦闘機は複葉機全盛時代であったにもかかわらず，堀越技師は片持式の低翼単葉，セミモノコック構造の胴体など，それまで未経験であった多くの新技術を，この機で実現しようとして意欲的に取り組んでいた。

　しかし，この頃の日本の航空機製作技術は未熟な時代であったため，計画していた新技術の幾つかは適用されることなく終り，昭和8年2月に完成した試作第1号機の機体形状も，欲目にもスマートなものとは言えず，堀越技師を満足させるものとはなっていなかった。

　この試作第1号機は，試験飛行中に尾翼の飛散事故を起こし，続く第2号機も横須賀航空隊での特殊飛行テスト実施中に墜落事故を起こして失われてしまった。

　こうして，折角の意欲作も2機共に失われてしまったが，本機によって得られた多くの技術的経験は極めて貴重なものがあり，この後急速に進んだ各種航空機の近代化に対して，本機が果たした技術的波及効果は極めて大きいものがあり，単なる失敗作として見過ごすことはできないものとなっている。次の96式艦戦や零式艦戦（零戦）などの輝かしい成果も，本機による経験が大きく開花したものであったといえる。

4－2) 金星1型搭載機

a) 海軍・93式艦上攻撃機／三菱

　昭和4年12月，海軍は三菱に対して，400乃至500馬力発動機2基を装備し，空母から発進することができ，魚雷又は爆弾1トンを搭載可能な大型艦上攻撃機の設計を命じてきた。途中，再三の計画変更はあったが，7試双発艦上攻撃機として，金星1型発動機を装備した試作第1号機が完成したのは，昭和7年9月のことであった。

　しかし，その後の実用試験において，補助翼の効きが悪い，方向舵が重いなどの不具合が指摘されたため，4翼プロペラ付，双垂直尾翼に変更するなどの改善対策が，第5号機以降に実施された。その上，昭和9年3月には，フラッターによって上下補助翼が飛散するという事故まで発生した。その後も不良箇所の改善

93式艦上攻撃機

が続けられていたが，最終的には艦上機としては不適当と判断され，93式陸上練習機と命名されて，双発陸上機の乗員訓練用に使用されるようになった。その，製作機数も11機に止まっていたが，本機は金星1型発動機の信頼性検証には大いに寄与していた。

b）海軍・9試艦上攻撃機／三菱

昭和9年2月，海軍は先の7試艦上攻撃機の不成績により，改めて中島と三菱に対して9試艦攻の競争試作を命じた。

三菱は，7試艦攻に続き松原技師を主務者として，昭和9年8月に試作第1号機を完成した。

本機は一葉半方式の複葉機であったが，当時急速に進行しつつあった単葉化の趨勢(すうせい)から見るとやや時代後れの感があり，中島機と共に不採用となってしまった。

4－3）金星2型搭載機

a）海軍・9試中型陸上攻撃機／三菱

昭和9年2月，海軍は三菱に対して，先に好成績をあげていた8試特殊偵察機の実用化をはかるために，9試中攻の試作指示を行った。

三菱では，8試特偵と同様に，本庄季郎技師を主務者とし，その下に高橋巳治郎，久保富夫らの有力技師を配して計画を進め，昭和10年6月には第1号機が完成した。

この機の各部構造は，基本的には8試特偵をベースとしていたが，これに武装を強化し，魚雷又は爆弾を搭載できるようにしたものとなっていた。
　この試作機には，以下のように装備発動機と座席配置を異にした21機が製作されていた。

　　　　甲案型（91式水冷600馬力2基装備）　　　　4機
　　　　甲案型（金星2型空冷680馬力2基装備）　　1機
　　　　甲案型（金星3型空冷790馬力2基装備）　　1機
　　　　丙案型（金星2型空冷680馬力2基装備）　　14機
　　　　丙案型（金星3型空冷790馬力2基装備）　　1機
　　　　　　　　　　　　　　　　　　　　　　　　―――――
　　　　　　　　　　　　　　　　　　　　　　　　計21機

　この内，丙案型とは機首に透明銃座を設けた案であったが，この案を採用すると機長がこの席に移る必要があり，そうなると乗員の指揮，連絡に不都合という理由により，激論の末に，機首に銃座の無い甲案が採用されることになった。しかし，その結果は，実戦において敵戦闘機よりの手痛い打撃をこうむることに繋がってしまった。
　本試作機は，後に96式陸上攻撃機となったが，その各型には「金星」発動機の2型，3型，40型の各型が次々に装備されており，その性能向上に大きく寄与すると共に，本発動機自体の玉成に大きく役立っていた。

5）製作台数
　昭和6年より11年まで92台。

第2－2表・A4発動機要目表

発動機名称		社内呼称	気筒数	気筒径	行程	気筒容積	減速比	重量	出力		回転数	
									離昇	公称	離昇	公称
A4	金星旧型	A4-Ra	14	140	150	32.34	0.621	472	800	600	2200	2000
	金星1型	A4-Rb	〃	〃	〃	〃	〃	469	820	650	2300	2100
	金星2型	A4-Rc	〃	〃	〃	〃	〃	545	830	680	2300	2150

3・A６（震天改）およびA７（震天）発動機

1）製作経過

A８と呼ばれた「金星」３型発動機が完成する以前に，三菱にはA７，A６の両空冷式複列14気筒発動機があった。A７は「震天」，A６は「震天改」と呼ばれていたものである。この計画時期は，A７の方がやや早く，昭和８年１月に最大出力920馬力として計画に着手され，翌９年８月に第１号機が完成していた。一方のA６は，昭和８年２月に最大出力800馬力（陸軍呼称，ハ－６）として計画を始め，A７より早く，翌９年５月には完成していた。

この両発動機の気筒径は共に140mmであったのに，行程はA７が160mm，A６は170mmとわずかに異なっていた。

殆ど同じ時期に，このように類似の発動機が二つ並行して計画されていたことにはやや解しかねるものを感じるが，A７は海軍主導の発動機であったのに対して，A６は陸軍主導であり，この頃陸海軍は共に大馬力発動機の開発を激しく競り合っており，メーカーもこれに追随せざるを得なかったという事情があった。

陸軍向けのA６は，当時三菱と中島の両社に競合試作が指示されていた新鋭重爆撃機，キ－21（後の97式重爆撃機）をめぐって，中島の発動機ハ－５と熾烈な競り合いを演じていたが，最終的には，機体は三菱，発動機は中島を採用すると

Ａ６発動機

いう，やや不明瞭な決着によってＡ６の採用は見送られてしまった。

この決着により，中島でも三菱と並行して機体を製作することになり，三菱も中島のハ－５の社内生産を行うことが決められた。

この発動機の気筒径と行程は，その後の三菱の基礎形式には採用されておらず，見方によっては「金星」と「火星」両発動機の狭間で淘汰されたとも言えよう。

それでも，Ａ６に対しては，当時並行的に開発中であった金星３型の好試験結果を適用して細部の改善が行われており，昭和11年末から12年にかけて立川の陸軍航空技術研究所で行われた中島のハ－５との比較試験に際しては，いずれが採用されるかをめぐって両者が激しく争ったことがあった。

この比較試験においては，両発動機が隣同志の運転台に並べて行われたこともあって，試験中は刻々の運転状況を互いに激しく競り合い，立ち会った両社の関係者は緊張の連続であったという。

この時のＡ６の問題点は，ヒマシ油使用によるピストンリングの膠着のみであり，苛酷な300時間連続耐久運転も無事に終了させていたのに，前述の決着となってしまい，今度こそは三菱の発動機を陸軍に採用させたいと意気込んでいた関係者の落胆は大きかったようである。

本発動機は製作基数も少なく，三菱の社内記録の中にも本機に関する記述は余り多く残っていないようである。

2）要目
第２－３表参照のこと。

3）搭載機
a）「震天」21型発動機
海軍99式飛行艇／空技廠

昭和９年，海軍は空技廠に双発中型飛行艇の試作を命じた。本機の試作目的は，国産最初の９試の４発大型飛行艇（後の97式飛行艇）の失敗した時に備えたものであった。

空技廠では広工廠より転じてきていた岡村純造兵中佐らによって設計を進め，昭和11年に２機の試作機を完成した。

　本機は，アスペクト比の大きい半片持式の主翼を，支柱で胴体に取り付けたパラソル式の単葉機であった。

　空中性能は優秀であったが，97式飛行艇の成功によって，その存在価値は薄れてしまった。

４）製作台数

　昭和９年より14年までに各型総計119台。

第2-3表　A6・7発動機要目表

呼称			気筒数	気筒径	行程	気筒容積	圧縮比	減速比	重量	出力		回転数	
社内呼称	陸軍	海軍								公称	離昇	公称	離昇
A7 (震天)	A7-As			14	140	160	34.4	6.0	0.621	610	700	920	2100	2300
A6 (震天改)	A6B1S2		震天11型	〃	〃	170	36.7	6.0	0.625	598	795	950	2150	2320
	A6-CS2		震天21型	〃	〃	〃	〃	〃	〃	603	810	950	2150	2320
	A6-FS2			〃	〃	〃	〃	〃	〃	602	1020	1200	2250	2360
	A6-E	ハ―6甲		〃	〃	〃	〃	〃	〃	580	870	875	2200	2300

4・A8「金星」発動機

4-1・金星3型発動機
1）製作経過

　昭和8年6月，当時三菱長崎造船所に勤務していた深尾淳二技師に対して名古屋航空機製作所（名航）への転勤辞令が渡された。それまで，同所でディーゼル機関などを主に担当していた深尾にとって，この転勤は思いがけないことであり，必ずしも快いものではなかった。しかし，新しく与えられた仕事に取り組むことが自分の使命であると思いなおして，これに従うことにした。

　当時の名航の発動機部門は，不振のどん底にあって苦悩していた。即ち，主力発動機であったイスパノ発動機650馬力において，排気弁折損などの解決困難な重大トラブルが続発しており，担当者達はその対策樹立に日々追いまくられていた最中であった。

　この原因究明のために確認運転が社内試験場で何度となく繰り返されていたものの，これからは何の手掛かりを得ることもできずに，ただ排気弁が何時折損するかを見ているだけという情けない状態に陥っていた。

　こうした状態を約1ヵ年間静観せざるを得なかった深尾は，当時ヨーロッパやアメリカなどから輸入されていた航空関係の文献を読み漁って，この追い込まれた事態の解決の糸口を何とか掴もうと腐心していた。先にも述べている通り，発動機部門では昭和4年から9年頃にかけて膨大な研究費，試作費を使いながらも，何一つ社の基本形式となる発動機を見い出せないという惨憺たる状態に落ち込んでいた。

　このため，当時の工場の操業度は細る一方となり，遂には海軍の広工廠製の91式水冷600馬力発動機や東京瓦斯電の空冷式「天風」発動機などの社外製品を取り込んで，苦境をしのぐという情けない状態であった。

　深尾は，こうしたドン底状態にあった三菱発動機事業の窮状を一刻も早く脱却させるための方策を日々練った挙げ句，遂に従来のほぼ全面的に水冷式に頼っていた体質から空冷式主体へと大転換を行うという重大な決意を固めるに至った。

（側面）

（正面）

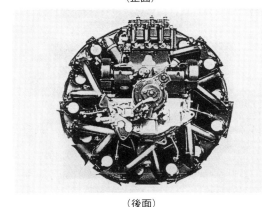
（後面）

金星3型発動機

　この方針に転換した理由を，深尾は次のように述べている。

1． 水冷論者は水冷が前面抵抗が少ないといって重視するが，馬力が増大すると，その影響は少なくなる。
2． 気筒数の増加は，水冷よりも空冷の方が容易であるので，馬力の増大は空冷の方が望みがある。
3． 水冷式は部品が大きいから廃却率が高くなる。
4． 空冷式は同形部品数が多いので多量生産に適している。
5． 機関砲との組み合わせで，水冷の方が有利であることは特例に過ぎない。

　こうして，空冷式への転換を決めたものの，深尾は敢えてこの方針を軍並びに社内の水冷支持者たちを刺激しないために表面に出さずに，空冷

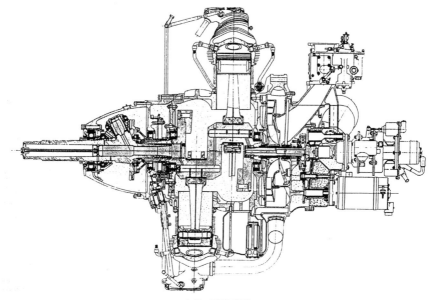

金星3型発動機

式の優秀性を実物によって示すことによって自然解決させることが良策と考えていた。

したがって，表向きには水冷式を全面的に放棄することを明らかにせず，既に軍の要求によって作業を進めていた水冷式のＢ２，Ｂ３発動機などの性能向上対策は引き続き実施することとし，更に昭和12年にはＢ４・700馬力，13年にはＢ５・倒立800馬力発動機などの製作も行うこととした。

空冷式に絞ることになって，最初に決定しなければならなかったのは，その基本形式の要目選定と主要部分の構造をどう決めるかであった。

先ず，基本形式については，慎重な検討結果によって，14気筒複列式，気筒径140mm，行程150mmの発動機を先行して計画，製作することを決めた。これには，当時の陸海軍の試作機が要求していた装備発動機の馬力が1,000馬力前後のものが多かったことへの配慮があったと思われる。

この新発動機が，後の「金星」系列の発動機を産む母体となった金星3型であ

り，社内呼称はＡ８と呼ばれていた。

三菱ではＡ８以前にも各種の空冷式発動機の製作を行ってはいたものの，その多くは軍との合作によるものであって，メーカー自身の独自の構想によって計画されたものではなかった。加えて，陸軍と海軍ではそれぞれが独自の指導力を発揮しようとしていたため，その計画仕様はバラバラであり，これに対応するメーカー側の苦労は並大抵のものではなかったのである。

この不能率ともいえる状態を打破するため，深尾の新構想の中には，中立の立場にあるメーカー側が仕様決定の主導権を握った新発動機を先ず完成させ，これを陸海軍のどちらにも納入できるようにすることにより，社内で生産する発動機の種類を減らして生産効率を高めようとする構想も含まれていた。

深尾淳二氏

こうした従来と全く発想を異にした新発動機の設計を進めるにあたり，深尾は自ら陣頭に立って指揮することにすると共に，各主要部分の設計にはそれぞれの分野の最適任者を配置することに留意した。

即ち，酒光義一は気筒を含む主機中央部，辻猛三は減速装置，井口一男は過給器を含む発動機後部補機と動力艤装を分担させることを決め，それぞれの配下に，藤原光男，佐々木一夫，西沢弘，谷泰夫，荘村正夫，大岩嘉七郎，降籏喜平，黒川勝三，小山耕一，法月忠五郎，角田鼎，榊原裕，加太光邦，鬼頭秀三，麻生重太，園田豊，泉一鑑，曽我部正幸などの有力技師たちを配置して総力体制を採ったのであった。

２）構造の特徴

社内の新基本形式発動機とするためには，これを構成する各部の構造もそれにふさわしいものとする必要があったため，これまで得られた貴重な技術的経験に加えて，世界の有力発動機の優れた点を巧みに折り込みながら，基本計画の構想

が次第に固められていった。先ず、先のＡ４では、気筒の冷却を良くするために、前後列の気筒共に排気孔を発動機の前方に開口させていたが、これは却って筒温上昇を招くことになっていたので、先ずこれを改善することにした。

この改造案では、前後列共に排気孔を発動機後方に開口させ、発動機の前後部間に風圧差を与えるための導風板を置き、気筒フィンの隙間を流れる空気速度を上げることで冷却効果をたかめることにした。

この改造案を採用する際、深尾は、

「空気を直接吹きつけて冷却しようとするのは間違いである。空気が流れ易いようにして冷やすのが正しい」

と、部下をさとしたといわれる。

3）構造概要

金星３型発動機の各部構造は三菱独自開発のものではあったが、外国の優秀な発動機の優れた点が数多く巧みに採り入れられていた。

即ち、気筒頭はアメリカ式、気筒胴にはイスパノ式の窒化を採用し、クランクシャフトはヨーロッパ式の一体型、主接合棒は組立式とし、カムとプッシュロッドはアームストロング式の前部に集める方式とし、減速機はファルマン式、過給器はライト式の弾性軸を採用してフリクションダンパーを除去し、更に重量の軽減と量産を容易にするため、ボールベアリングはプロペラシャフトの推力軸受の１個のみ、残りのメインベアリング３個はローラー式とし、ブロンズのプレーンベアリングを広く使用することにした。従って、ボールまたはローラーベアリングのみとしていない点では世界的にも画期的なものとなっていた。また気化器は降流型として、ガーグル管を設けていた。

こうして、設計思想と機構を一新した新発動機の構想が固まり、本格的な設計作業は昭和10年12月からいよいよ突貫作業で始められた。

途中、いよいよ正月休みが後一日となった時、深尾部長からの突然の指示によって前後列シリンダーのセンターラインの間隔を僅か６mm程度広げるようにとの指示が下されてきた。これは担当者たちにとっては、折角楽しみにしていた正

月休みもたった1日だけとなるという情けないハプニングでもあった。

　しかし，この僅かな寸法の変更の効果は極めて大きなものがあり，発動機の骨格となるクランクピン軸のセンターウェブの厚みを厚くすることが可能となった。これにより，軸系の剛性が強められたため，軸振動をより小さく抑えられるようになり，クランクピン軸受の焼損を防止することに極めて有効であったと共に，手入れの時の窮屈さを解消することもできるようになった。更に，気筒の設計も楽になって冷却性が向上する効果もあり，発動機全体の信頼性の向上や整備，点検の容易さの改善にも繋がっていた。

　思いがけない突然の変更に泣かされた担当者たちも，後になって深尾部長の判断の正しさに改めて敬服したという。

　こうして，計画，製作工事が順調に進んでいたのとは裏腹に，新発動機の開発をあらかじめ軍側に一言の断りも無しに進めていたこともあって，軍側との空気は次第に険悪なものとなってきていた。一方，社内からも深尾部長の独走とする批判の声も聞こえてくるようになっていた。

　こうした四面楚歌ともいえる状態の中において，翌昭和11年3月に試作初号機が完成するや，早速待望の試運転が開始され，その轟音は工場に近い名古屋港の空を圧して響きわたっていった。

　この後も，試運転は極めて順調に進み，周囲からは必ずしも祝福されての誕生とは言えなかったものの，遂に念願の新発動機が力強い産声をあげたのであった。

　この新発動機は金星3型と呼ばれ，その公称馬力は730馬力であり，引き続いて行われた社内試験でも優秀な成果を収めることができた。

　この新しい金星3型発動機が極めて優秀な性能を発揮していることを知った海軍は，さっそく空技廠に命じて審査試験を行わせることを決めた。

　しかし，試作時の経緯もあったことから，この審査運転は不自然とも思われるほどの苛酷な条件下おいてに実施され，立ち合った三菱の技師たちも終始ハラハラのしどおしであったというが，当の発動機には何のトラブルも無く悠々と廻り続け，審査運転終了後の分解検査も，全く手入れを必要とせずに，ただ洗浄するだけで再組立を実施するという優秀な成績を収めることができた。

この見事な結果を評価した海軍は，年度の中途であったにもかかわらず，一挙に100台近くの注文をだしてきたのに，一方の陸軍は何の反応もしめしてこなかった。それでも，海軍から受けた多量の注文は，当時工事量の不足に悩んでいた三菱にとっては文字通りの乾天の慈雨となったのであった。

4）要目
　第2－4表を参照のこと。

5）搭載機
　a）海軍・96式陸上攻撃機11型／三菱

　金星3型は，9試陸上攻撃機の初期試作機21機の内の2機に搭載されていたが，昭和11年6月に96式陸上攻撃機として制式採用された最初の11型（第22～55号機）にも搭載されていた。日中戦争の初期に活躍したのは第56号機以降の21型であり，これには次の22型と共に金星42型が搭載されていた。

　昭和12年7月7日に勃発した日中戦争開始直後に実施された内地の大村（長崎県）と台北（台湾）基地より敢行された有名な「渡洋爆撃」においては，発進してから帰還するまでに10時間以上にわたる長時間飛行を行うことも度々であったが，その間何の故障もなく廻り続ける「金星」発動機に対して，

　「発動機がこんなにも丈夫で，たのもしく廻り続けるものかと，つくづく感謝

96式陸上攻撃機11型

した」

と言われたほど,パイロットたちはこの発動機に全幅の信頼を置いて戦っていたのであった。

b) 海軍・97式2号艦上攻撃機／三菱

昭和10年,海軍は最初の低翼単葉の艦攻の試作を中島と三菱に指示した。

三菱は,高橋巳治郎技師を設計主務者として,金星3型装備の低翼単葉,固定脚式の試作第1号機を昭和11年11月に完成した。

中島は,日本機では初めての低翼単葉,引込脚式という斬新な機体としていたが,両機の審査試験結果では,共に優秀な成績を収めたことから,昭和12年8月に,中島機が1号艦攻,三菱機は2号艦攻として共に制式採用となった。

海軍では中島機が主に使用されており,太平洋戦争開戦時の真珠湾攻撃に使用されたのは,発動機を換装した中島の3号艦攻であった。

それでも,一部のパイロットや整備兵からは,三菱機は実用的で,整備も容易であるとして,2号艦攻を高く評価する声もあったという。なお,制式機になった2号艦攻の装備発動機は金星43型となっていた。この機の製作機数は三菱のみで65機。ほかに広工廠でも製作されたために,総数は125〜150機であった。

97式2号艦上攻撃機

6）製作台数

昭和11年より12年にかけて109台。

4－2・金星40型発動機
1）製作経過

こうして、「金星」の言わば初期型となった金星3型が完成したが，設計担当者たちには少しも気を休める暇はなかった。それは，金星3型と殆ど並行して，その改善工事が進行していたからであった。

それは，この金星3型によって長年待ち望んでいた高性能で高信頼性の発動機を誕生させることができたものの，この構造のままでは更なる大馬力化，性能向上を行うには不向きな点が未だ残っていたからであった。

この改造を担当した佐々木一夫技師によれば，改造の要点は次のようになって

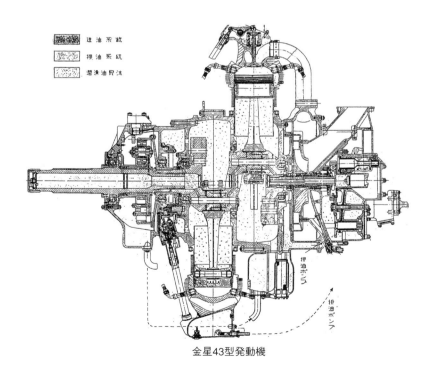

金星43型発動機

いた。

　イ・広範囲に鉛ブロンズ系プレーンベアリングを使用し，コロ軸受はクランク軸主軸受とプロペラ軸の推力軸受のみとした。

　ロ・クランク軸は三分割歯形セレーション結合式として中央には大型の球軸受（後に金星60型では両端クラウンコロ軸受に改良）を採用した。

　ハ・主接合棒大端部を一体として耐久力を向上し，ケルメット軸受が高回転，高出力に耐えるようにした。

　ニ・ナトリウム入りの全冷却排気弁の量産技術を完成した。

　ホ・焼付き磨耗防止のためにピストンリングに硬質クロームメッキをすることを開発した。

　ヘ・硬度ビッカースＶ・Ｐ・Ｈ・900以上の窒化をシリンダー胴に行った。

　ト・弁機構への強制潤滑を行い，高温，高出力に耐えるようにした。

　チ・減速装置はファルマン式傘歯車からプラット式の惑星平歯車式とし，軽量で高回転に耐えるようにした。

　リ・ケース類にマグネシューム合金鋳物を採用した。

　などとなっていた。

　特に，ロ）項の組立式クランク軸への転換は，構造上の信頼性向上に効果が大であったと思われる。

　これらの改善によって，遂に世界に冠たる高信頼性，軽量，小型，高出力の空冷式発動機が昭和11年8月に産まれ，この発動機が金星40型と呼ばれるようになった。

　特に，45型においては，その扇車径を41～44型の245ｍｍから280ｍｍに増したことで公称予圧高度は4,200ｍとなり，高空性能は大幅に改善された。

　この金星40型の完成を機に，既存のＡ４発動機の筒径，行程が「金星」と同じであることから，Ａ４を改めて金星系列に組み入れ，これによって，「金星」シリーズの体系が完全に整備された。

　公称出力も金星3型の790馬力から990馬力へと向上し，三菱にとって，初めての1,000馬力クラス空冷式発動機が誕生したことになった。

この40型発動機の誕生によって，三菱の航空用発動機の基礎は完全に固められたと見てよく，海軍は早速その年度分として380台という大量の発注を行ってきた。

しかし，長年イスパノ式の水冷式発動機を看板発動機としながらも，高出力のものでは大小のトラブルの続出に苦しんでいた三菱が，突如として空冷式に大転換を果たし，しかも，短期間に既存の他の発動機を圧倒する高性能の新発動機の開発の成功したことに，事情を知らない外部の人々は一様に驚きの眼をみはった。

たしかに，外国からの輸入発動機や既存外国発動機に関する情報が随分と良い参考にされたことは事実であったかも知れないが，「金星」以前の各種発動機での苦しい経験を通じて，三菱の技術陣が発動機とは如何にあるべきかを身をもって掴みとった結果が，この素晴らしい成果に結びついたと考えられる。

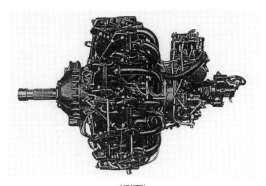

（側面）

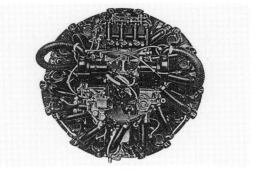

（後面）

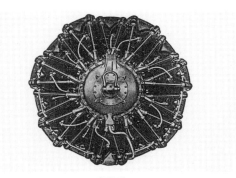

（正面）

金星45型発動機

2）要目

第2－4表参照のこと。

3）搭載機

a）海軍・96式陸上攻撃機シリーズ／三菱

この「金星」がその真価を発揮して，日本を代表する名発動機と評価されるようになったきっかけには，その開発時期と試作時期がほぼ同じであった96式陸上攻撃機との密接な結びつきがあったことを忘れてはなるまい。

先にも述べている通り，金星3型を装備していた96式陸攻11型では最大速度は348km／h（公称900馬力）であったものが，金星42型装備の21型では376km／h（公称1,075馬力）に上がり，最終の金星51型装備の23型では415km／h（公称1,200馬力）と，大幅な向上を達成していた。しかも，機体総重量が7,632kg→7,778kg→8,000kgと増大していく内での向上であった。これを見ても，装備発動機が機体の性能向上に如何に関連深いかが分かる。

太平洋戦争の初頭のマレー沖海戦において1式陸攻と協同で，イギリス海軍が誇る戦艦プリンス・オブ・ウエールズを撃沈する偉功を立てたのは96式陸攻23型であった。

また，本機の一部は96式陸上輸送機11型，21型に改造されて落下傘部隊の輸送用としても使用されていた。金星40型装備の96陸攻22，23型の製作機数は581機となっている。

b）民間機・三菱式双発輸送機／三菱

本機は96式陸上攻撃機21型をベースとして民間輸送機に改造し，大日本航空（株）や新聞，通信社で合計22機が使用された。昭和14年8月26日，羽田を出発して世界一周飛行を実施した毎日新聞社の「ニッポン」号は，この内の1機であった。

この機は，北アメリカから南アメリカ，ヨーロッパへと飛び，途中第2次世界大戦が勃発したためコースを一部変更して，ローマから地中海を越えて南廻りで

ニッポン号
（三菱式双発輸送機）

10月20日に日本に帰着した。32日間，総飛行時間194時間，全行程52,860kmの大飛行であった。

　この飛行を成功させたのは，機長であった中尾純利パイロットの沈着な操縦ぶりに負うところが多かったが，装備されていた金星40型の信頼性は素晴らしく，ロンドンに予め準備されていた予備の部品は何一つ使用せず，割ピン1本，ナット1個も取り替えることなく，出発した時のそのままの姿で帰還してきたといわれている。この飛行により，日本機の優秀性，搭載発動機の高信頼性を世界に示すことができた成果は極めて大きなものがあった。

　c）海軍・97式飛行艇／川西

　海軍は昭和9年，川西に対して4発飛行艇の試作を命じた。この機は日本機としては最初の純国産の大型機であり，海軍が艦艇勢力の不足を補うため，遠く洋上に進出して，偵察，攻撃の用途に使用することを目的としたものであり，指名された川西では当時新進気鋭であった菊原静男技師を計画主務として作業を開始した。

　本機の外観上の特徴は，要求されていた長大な航続力を満足させるために，大きい翼幅の主翼を支柱によって艇体上に支えるパラソル方式を採用し，発動機はその翼に直接取り付けていたことであった。装備発動機には，川西では発動機を製作しないため，常に他社発動機が採用されていた。

川西97式飛行艇
（民間型）

　この試作第1号艇は，昭和11年6月からテスト飛行を開始したが，当初から優秀な性能を発揮して，初めての純国産の大型機としてはきわめて実用性の高い成功作であることを示した。

　最初の試作艇には中島の光2型発動機（離昇出力840馬力）が搭載されていたが，馬力が不足気味であったことから，後に金星43型（離昇出力1,000馬力）に換装し，昭和13年1月，97式飛行艇11型として制式採用となった。

　次の22型では「金星」45型または46型に換装され，最後の23型には「金星」51型または53型が搭載されていた。この変更により，最大速度も332km／hから385km／hに向上していた。

　本機には民間輸送機型も合計38機が製作されており，内18機は大日本航空（株）で使用されており，同社が行ったポルトガル領チモール島への航路開拓を初めとし，特に戦時中には横浜と南方委任統治領やサイゴン──バンコック間航路などで稼働したこともあった。

　しかし，陸上機相手が主であった太平洋戦争中にあっては，本来の目的であった攻撃用途に使われたことはほとんど無く，専ら後方輸送任務に重用されて活躍していた。

d）海軍・99式艦上爆撃機／愛知

　本機は11試艦上爆撃機として昭和11年に愛知に試作指示が出されたもので，従来の複葉機から低翼単葉，全金属製となった新鋭機であった。

愛知99式艦上爆撃機

試作第1号機は昭和12年12月に完成したが，試作機は2機作られていた。最初の第1号機には中島の光1型発動機（離昇出力710馬力）が装備されていたが，第2号機からは三菱の金星3型（離昇出力730馬力）に換装され，第2号機以降は全て「金星」装備となった。

本機は昭和14年12月に99式艦爆として制式に採用となり，最初の型の11型には金星43型または44型が搭載されていた。この11型が開戦時の真珠湾攻撃に使用されたものであり，最終型の22型には金星51型から54型が使用されていた。

この99式艦爆は，特に大戦初期の頃においてめざましい活躍を示しており，開戦時の真珠湾攻撃において中島の97式3号艦上攻撃機，三菱の零戦と共に大戦果をあげた。

更に，昭和17年4月のインド洋海戦においてイギリス艦隊を撃破した際の急降下爆撃の命中率は，実に82～83％という驚異的な高率を示していたという。

e）海軍・零式水上偵察機／愛知

本機は太平洋戦争において，もっとも広く使用されて活躍した3座水偵であった。

優秀機であった前機の川西の94式水偵の性能不足が目立ってきた昭和12年，海軍は川西，愛知の両社に対して12試3座水偵として試作指示を行った。

この頃，愛知は11試艦爆（後の99式艦爆）を試作中で，設計陣は多忙をきわめていたが，11試艦爆にも搭載していた三菱の金星43型を装備し，全金属製の単葉

愛知零式水上偵察機

機に双フロートを付けた近代的な機体の計画を進めることにした。しかし，工場の方が超多忙であったことから，試作機を決められていた期間内に完成させることができずに失格となっていた。それでも，一応試作作業は継続することにして，昭和14年1月に第1号機を完成し，引き続いて6月には第2号機も完成して社内で飛行試験を行っていた。

ところが，川西が製作した12試作水偵が2機共に事故で失われるという，思わぬハプニングが発生した。

結果的にはこのことが愛知機に幸いして，海軍は空技廠の担当者を急遽愛知に派遣して，本機の試乗を実施した結果，良好な性能を有していることが確認された。その後，2機共に領収され，横須賀において改めて性能試験が行われた結果，昭和14年11月に制式採用が内定した。更に実用試験結果による小改造を行った後，昭和15年12月に零式1号水偵として採用が決定し，その後零式水偵11型と改称された。

本機には，採用内定時から大規模な生産計画が建てられており，愛知のみではこれに対応できなかったため，広工廠や九州飛行機などでも並行して生産が進められた。

大戦中は，基地用，艦載用として広く使用され，地味ではあったが，海軍の作戦区域全般にわたって良く活躍して大きな功績を残している。

f) 海軍・零式輸送機／中島，昭和

日本の陸海軍はアメリカなどに比較すると，要員や必要物資を輸送するための専用機を充実させることには余り熱心とはいえなかった。

それでも，海軍は昭和12年末に，当時の優秀機であったアメリカのダグラスDC－3型に眼をつけて，三井物産を通じてその製造権を取得し，零式輸送機とした。

最初に本機の製造を担当したのは昭和飛行機であったが，同社は発足したばかりの新しい会社であり，技術者の不足に加えて製造技術の未熟もあって，生産は遅々として進まず，初号機が昭和14年4月，第2号機が昭和15年4月，第3号機も昭和16年に入ってようやく完成するというスローさであった。予定されていた三菱の金星43型発動機を搭載した純国産の11型輸送機は昭和16年7月になってやっと完成するという有り様であった。

こうした中，最初の計画であった日産1機が達成されたのは，太平洋戦争開始後の昭和17年に入ってからになってしまった。

海軍はこの遅れを解消するため，昭和16年秋から中島に命じて並行生産させることにしたが，本機の総生産機数は，昭和で430機，中島で71機に止まっていた。

アメリカが同じようにDC－3型を軍用の輸送専用としたC－47輸送機を桁違いの多数機で投入したのに比べると，国力の相違があったとはいえ，近代戦を戦い抜くに必要な輸送，補給に対する基本的な認識の程度に大きな差があったと言わざるを得ない。

最初の11型に続いた12型輸送機には，金星51型または52型が装備されたが，

昭和零式輸送機

これにより飛行性能は原型機のＤＣ－３型よりむしろ上回っており，地味ではあったが，この機の果たした功績は見逃すことはできない。なお，この零式輸送機は計61機が大日本航空株式会社などで使用されていた。

4－3・金星50，60型発動機
1）改善経過

三菱の中心発動機となった「金星」は，更に強まってきた出力増大や性能向上の要請に従って逐次改善が進められ，昭和15年5月に試作された50型では最大出力は1,300馬力に，次いで昭和16年に試作された60型では1,500馬力と更に増大された。

この出力と性能向上の対策としては，50型に対しては，40型までの1速過給を2速過給とし，公称回転数を2,450回転／分から2,500回転／分とし，更に，昭和18年に試作された最終の60型では，2速過給，公称回転数2,600回転／分とする改善を行うと共に，陸軍向けのハ－112Ⅱル（金星62型，排気タービン過給器付）には，従来の気化器方式から燃料直接噴射方式や水・メタノール噴射の新方式も採用されるようになった。

この「金星」発動機の更なる出力向上対策については，昭和18年11月に名古屋発動機製作所より分離独立した名古屋発動機研究所を中心にして検討が進められていたが，14気筒，気筒径140mm，行程150mmという条件内では最早(もはや)これが限界とされ，次には18気筒化を中心として大出力化を進めることになっていた。

ここで注目すべきは，この「金星」発動機は海軍を中心にして多数採用されてきていたが，陸軍は試作時の経緯もあって長らく採用には消極的であった。

しかし，遂に100式司令部偵察機Ⅱ型からⅢ型に性能を向上させる際，ハ－102（瑞星）装備からハ－112Ⅱ（金星62型）にすることに踏み切った。これは，金星3型が完成してから実に約7年後のことであった。

2）要目
第2－4表参照のこと。

3）搭載機

3-1）金星50型搭載機

a）海軍・水上偵察機「瑞雲」/愛知

「瑞雲」は海軍最後の制式水上偵察機であったが，それまでのものとはやや性格を異にした機となっており，水上偵察機というよりはむしろ水上爆撃機と呼んだ方が適切な機となっていた。

海軍は昭和14年に愛知に対して14試特殊水上偵察機の名の下に，艦載に適し，且つ急降下爆撃が可能な高性能（最高速度463キロ/時）の水偵の開発を指示した。

翌年8月に正式の計画要求書が固まったが，それによると装備発動機を金星40型改とした単発の双フロート水上機で，空戦時の格闘性能が優れ，しかも250kg爆弾1個または60kg爆弾3個を搭載して急降下爆撃が可能という，これまでに無い過酷な要求が含まれていた。

これを受けた愛知は，松尾喜四郎技師を主務者として，要求された高性能を実現するために，それまでに無かった140kg/m²という高翼面荷重を採用した。さらに，カタパルトからの発進や離着水が容易なように，内翼後縁に親子フラップを装備し，この子フラップを「空力フラップ」としても利用できるように工夫していた。また，急降下爆撃を行うために水上機としては初めてエアブレーキを装備することにし，これはフロート前方支柱の後部に取り付け，急降下の際には左右に90度開くようになっていた。

試作第1号機は，金星51型を装備して昭和17年5月に初飛行を開始し，その後

愛知水上偵察機「瑞雲」

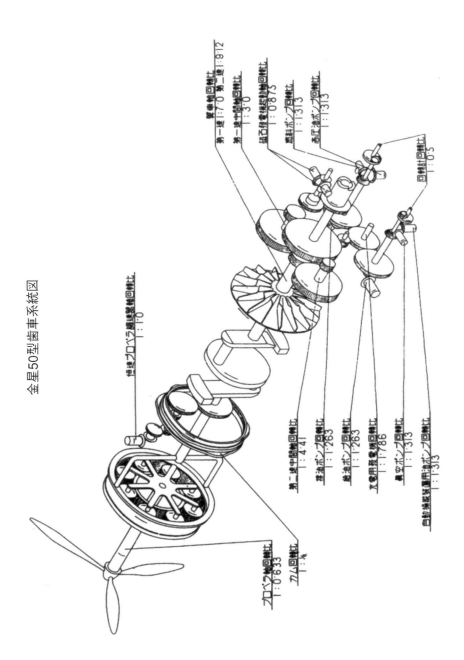

金星50型歯車系統図

金星51型発動機

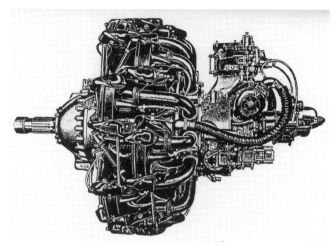

　10ヵ月にわたる実用試験を経て，翌18年8月に「瑞雲」11型として制式採用が決まった。実用試験中にも種々の改善が行われていたが，昭和19年2月から出始めた量産機には，金星51型から54型が装備されるようになった。

　昭和20年に入って，発動機をさらに金星62型に換えた仮称「瑞雲」12型が試作されて試験飛行を行ったが，これは量産には入っていない。

　本機は世界水準を抜く高性能水上機とはなっていたが，その出現時には，これを搭載する艦艇はすでに少なくなっでおり，活躍できる場は既に失われてしまっていた。

3−2）金星60型搭載機

a）陸軍・100式司令部偵察機／三菱

　太平洋戦争開始直前から各戦線で活躍を続けていた100式司偵も，中期以降になると，連合軍の戦闘機の性能向上やレーダーの急速な進歩もあって犠牲機が次第に増加する一方となってきたため，本機の性能向上が急務となってきた。

　このため，Ⅱ型に換えてⅢ型を試作することになり，この要求項目の中には650km／hの高速と，装備発動機をハ−112型（金星62型）にすることが指示されていた。

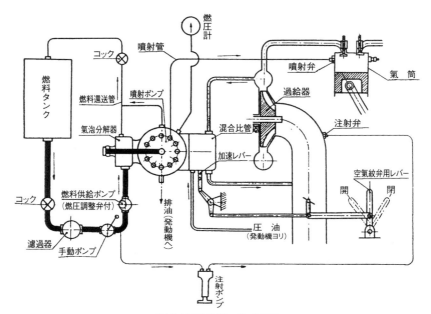

燃料噴射発動機配管系統図

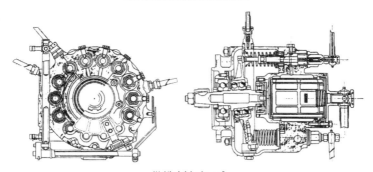

燃料噴射ポンプ

　この発動機大馬力化の変更による機体抵抗の増大を防ぐため，胴体の前端と風防を一体とした段無しの流線型風防の採用が，Ⅲ型及びⅣ型の外観上の特徴となっている。この発動機換装の結果，最大速度は630km／h／高度6,000mに向上していた。

　ところが，このⅢ型及びⅣ型の現地部隊への配備が進むにつれて，装備発動機

金星62型発動機

100式Ⅳ型司令部
偵察機

に新しく採用されていた燃料噴射ポンプ方式や水，メタノール噴射装置の整備についての取扱の不慣れもあって，前線部隊から苦情が続出してきた。

戦略の眼ともいうべき司偵の行動に支障をきたすことがあっては大問題として，陸軍からの要請もあって，三菱は曽我部正幸技師らを至急現地に派遣して解決をはかるという一幕もあったが，その後も敵側の防御力の一層の強化により未帰還機の数が次第に増加し，さらに本機の高性能化の要求が強まってきた。

この要望に応えて開発されたのが100式司偵Ⅳ型であり，高々度性能を改善するために排気タービン過給器付きのハ－112Ⅱル発動機（離昇出力1,500馬力）を搭載することになった。

これに使用された排気タービン過給器は，「ル－2」と呼ばれたもので，その主要目を以下に示す。

「ルー2」要目

公称回転数	20,000	回転／分
外径×長さ	670×483	mm
重量	54	kg
過給器形式	直線翼型遠心式	
扇車外径	300	mm
空気流量	1.2	kg／分
圧力比	2.38	10,000m／ 20,000回転／分にて
タービン形式	単段インパルス式	
タービン翼部平均直径	276	mm
〃　翼長	43	mm
〃　翼枚数	80	枚
〃　入口ガス温度	700（最高750）	℃
〃　最大ガス流量	0.7	kg／秒
油ポンプ潤滑油	航空鉱油	
〃　潤滑油圧力	0.2〜0.6	kg／cm^2
〃　潤滑油入口温度	50〜60	℃

　この排気タービン過給器は，発動機の後端部にコンパクトに収納されており，水噴射を有していたので，中間冷却器は置かれていなかった。

　この100式司偵，Ⅳ型の試作第1号機の初飛行は昭和19年2月であり，そのテスト結果は，高度10,000mおいて630km／hという高速度を発揮して，本機に対する期待は大きかった。しかし，空襲による三菱の工場の急激な生産力低下によってその生産機数は僅か4機で終ってしまった。

　それでも本機には忘れられない記録が残っている。それは，昭和20年2月27日，片倉少佐操縦の1番機が，鈴木准尉操縦の2番機と共に北京と内地の福生間の無着陸飛行を実施したことであった。この飛行の記録によると，

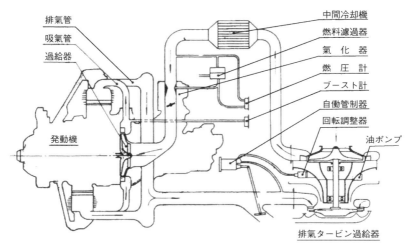

排気タービン併用装備系統図（当時の資料より転載）

（断面図）

「ル-2」排気タービン過給機

『午前10時北京南苑飛行場を離陸し、高度8,000～10,000メートルで、南苑→河北省唐山の北→遼東半島普蘭店→朝鮮鎮南浦→鬱陵島→福井市→福生を通ったのであったが、北京を出発して福井市西方の日本海上で雲が切れるまで、完全な雲層中飛行および雲上飛行であった』

となっており、途中の天候はおおむね不良で、福生上空のみが快晴であった。

この飛行での1番機の飛行時間は3時間25分，2番機は3時間15分となっており，平均時速は約700km／hという快速を発揮していたのである。

この飛行は冬季の追い風となる偏西風を利用したものではあったが，この飛行中，発動機，排気タービン過給器は快調に廻りつづけ，着陸した時には，各タンクには少量の燃料が未だ残っており，胴体前方のタンクは満タンのままであったという。

なお，現在もこの100式司偵Ⅲ型の1機が，イギリスのコスフォード・エアロスペース・ミュージアムに三菱重工の協力を得て復元されて展示されている。本機は戦後，マレーシア地区に残されていたものをイギリス空軍が本国に持ち帰ってしばらく保管していたものを復元した機であり，現在ここが本機に接しうる世界唯一の場となっている。

b）陸軍・5式戦闘機／川崎

昭和17年1月に制式機となった3式戦1型「飛燕」はドイツのダイムラーベンツDB601A（国産型ハ-40）液冷式発動機を装備して性能も良好で，日本戦闘機の中でも特異な存在であった。本機は後に1,100馬力から1,300馬力に出力向上したハ-140に換装されたが，この「飛燕」Ⅱ型は，発動機変更後各種のトラブルが頻発し，その改善のメドが全く得られないという最悪の状態に追い込まれてしまった。このため，発動機を装着していない「首なし飛燕」が，川崎工場近くの

川崎5式戦闘機
（イギリス・コスフォードミュージアム保存）

道路にも溢れる有様となった。この窮状を見た陸軍も遂にためらっていた空冷式発動機への換装に踏切り，昭和19年10月に「飛燕」Ⅱ型にハ－112 Ⅱ型（金星62型）を装備させることを決めた。

この空冷式発動機への転換機はキ100と呼ばれ，改造を担当した川崎の土井技師などは，全員工場寮内に泊り込みの突貫作業を行って12月には換装設計を終え，試作第1号機を翌年1月には完成させるという手早さで工事を完了した。

この改造での大きな問題点は，直径の大きな空冷式発動機を，液冷で計画されていた比較的細い胴体にいかにして取り付けるかであったが，幸い以前にドイツから輸入されていたフォッケウルフFw－190戦闘機という良い参考機があったことから，カウリング後部の両側に単排気管を縦に並べて，排気推力のロケット効果を狙うなどの極めて巧妙な装着法を短期間の内ににまとめ上げることができた。

この奇跡に近い素早い作業によって完成した試作第1号機は，昭和20年2月1日から初飛行を開始したが，その早々から予想以上の優秀機が実現したことが確認されて，5式戦闘機として制式採用となった。

発動機換装により前面抵抗は明らかに増加したため，高度6,000mでの最大速度は580km／hとなり，「飛燕」Ⅱ型と比べて30km／hほど低下したが，機体総重量が低減したことにより素晴らしい上昇力と空戦性能を示すようになった。しかも，新しく装備された金星発動機は，燃料と潤滑油を入れれば何時でも飛び立てるということで，前機とは比較にならぬ高稼働率が得られるようになったのである。

この予想以上の換装効果を喜んだ陸軍は，「首無し飛燕」にも急ぎハ－112 Ⅱ型を搭載させることを決めた。

この5式戦は，当時日本本土を襲ってきていたアメリカ軍戦闘機に対しても互角の空戦を挑んでいたといわれるが，本来ならば2，3年前に出現していてもおかしくない機体であっただけに，いかに優れた素質を持った機体であっても，搭載された発動機によってその評価が大きく変わるかを示した良い例であった。しかし，その換装時期が遅れたことにより，活躍時間も短いもので終ってしまった

ことが惜しまれる。なお，この5式戦もイギリスのコスフォード・エアロスペース・ミュージアムの前出の100式司偵と並んで展示されており，本機も世界に残存するただ一機の復元機である（2003年　英国ヘイドン英空軍博物館に移転）。

c）陸軍・キ－96、キ－102複座戦闘機／川崎

キ－96とキ－102は試作番号はちがっているが，本来は同系列の機体であったと見てよい。

陸軍最初の制式複座戦闘機は川崎の2式複戦「屠龍」であったが，本機を更に高性能化しようとする試作計画が昭和17年7月から開始された。

本機は最初キ－45Ⅲ型とも呼ばれ，従来の複座で計画されていたが，途中で単座に変更され，昭和17年12月からはキ－96として高速単座重戦闘機の新しい計画が始まった。ハ－112 Ⅱ（金星62型）を搭載した試作第1号機は，昭和18年9月に完成したが，この機は元来複座で計画されていたものであったため，後部座席を潰してその部を金属板で覆うという暫定的なものとなっていた。第2号機は，水滴型の風防に改められ，機首に37ミリ砲1門，機首下方に20ミリ砲2門という強武装機であった。

このキ－96は第3号機まで製作され，その試験飛行結果も最大速度600km／hに近かったといわれるが，当時の陸軍にはこの種の機種に対する定見が不足しており，不採用となってしまった。

このキ－96が未だ完成していない昭和18年6月，キ－96を原型としてこれを複座の襲撃機とするキ－102の試作が発注されていたが，この試作が指示された時には将来防空戦闘機としても流用できるようにという要求も加わっていた。

川崎キ－102
複座戦闘機

土井技師らによって計画が開始されて間もない昭和18年8月には，改めてキ－102の高々度戦闘機型の設計指示が出され，戦闘機型はキ－102甲，襲撃機型はキ－102乙と呼ばれるようになった。

　このキ－102甲の武装は機首に37mm砲1門，胴体下部に20mm砲2門で，後部旋回銃は省かれていたが，キ－102乙では後部席に12.7mm旋回機銃が加えられていた。装備発動機は，キ－102乙がハ－112Ⅱで，一方のキ－102甲は高空性能を確保するために排気タービン過給器付きのハ－112Ⅱルとなっていた。

　昭和19年3月に先ず完成した試作第1号機はキ－102乙であり，引き続き同型の第2，3号機も完成した。ところが，この頃にはＢ－29による本土空襲の確度が高まってきていた時期でもあり，むしろ高々度戦闘機型のキ－102甲の完成の方が急を要していたために，完成した乙型3機は排気タービン過給器を装備しないまま甲型としての審査が行われていた。

　一方，待望されていた甲型は，遅れていた排気タービン過給器付きのハ－112Ⅱルの実用化の目処が得られなかったため，昭和19年6月以降から試験飛行が開始されるようになった。この発動機は前出の100式司偵Ⅳ型にも装備されたものであり，飛行試験結果では，最大速度が580km／h／高度10,000mで，同高度までの上昇時間が18分という高性能を発揮したという。

　しかし，この高性能によって緊急増産指令が出されていたにもかかわらず，空襲の激化によって終戦までに完成した甲型は25機に過ぎず，しかも軍に納入されたのは15機のみで，残念ながら期待されていた戦力とはならずに終ってしまった。

　なお，この102型は終戦までに200機以上が生産されており，部隊配備も進んでいたのにもかかわらず，最後まで制式名称が与えられなかった唯一の機でもあった。

d）海軍・艦上爆撃機「彗星」／空技廠，愛知

　本機は大戦中において海軍唯一の液冷発動機を装備した制式機であったが，陸軍の三式戦闘機同様に，後に空冷式の三菱「金星」に換装されている。

　この機は，昭和13年に空技廠の山名主務らによって計画された高速，大航続距離艦爆であったが，その生い立ちを見ると，実用機というよりもむしろ研究機的

空技廠「彗星」
艦上爆撃機

な性格の強い機であった。

　13試艦爆として昭和15年11月に完成した試作第1号機には，機体抵抗の減少と着艦時の視界確保のためにドイツから輸入されていた液冷発動機，ダイムラーベンツDB600Gを装備していた。その後，昭和15年から16年にかけて5機の増加試作機が製作されたが，その飛行試験結果では最大速度552km／hという傑出した高速を発揮していた。この機には愛知がDB601Aを国産化した「熱田」12型発動機が搭載されていた。

　完成した本機は，先ず艦上偵察機として使用されることになり，その1機は昭和17年6月のミッドウエイ作戦にも参加していた。

　その後，戦局の緊迫化に対応するために本機を緊急に増産することになり，昭和17年10月に2式艦上偵察機として制式化され，生産は愛知で行われることになった。

　量産時に発生した問題点は，もともと研究機的要素が強かったために，各部の構造が複雑であった上に，各部の操作を電気式とした部分が多かったことにより，その調整に手間取ることが多かったことであった。生産上の困難は多かったが，本機の生産機合計は航空廠で製作された約430機を加えると総数約2,240機にも達しており，この機数は零戦，1式陸攻に次ぐ3番目のものであった。

　本機が本来の艦爆として使用されるようになったのは，昭和18年12月に艦上爆撃機「彗星」11型として制式採用されて以降であり，昭和19年6月のアメリカ軍のサイパン進攻作戦の際の「あ号作戦」においては，敵艦隊に対する攻撃の主力となって奮戦した。しかし，この攻撃も敵戦闘機群の強力な反撃にあい，思わぬ

大敗を喫する結果に終っていた。

　昭和19年10月には，性能向上のため装備発動機を熱田32型に換装し，離昇馬力も11型の1,200馬力から1,400馬力に増し，最大速度も約30km／hほど増やすことができた。

　しかし，この換装後に発動機のトラブルが続発し，陸軍の3式戦闘機と同様に工場内に首無し機が増える一方となり，これを放置できないと判断した当局は，三菱の空冷式の金星62型に換装することに踏み切った。

　換装の結果，性能は若干低下したものの，稼働性および信頼性は大幅に向上させることができた。しかし，この頃になると当初の高性能も通用しなくなり，さらに空母の喪失によって艦載機から陸上爆撃機として使用されるようになった。終戦間際の沖縄戦においても，内地を基地とする特攻機として多くの機が使用されていた。

　e）海軍・零式戦闘機64型／三菱

　中島の発動機生産工場であった武蔵製作所の被爆による生産低下，さらに「誉」発動機への生産集中などに対処することと，一方では搭載発動機を大出力化することによって性能の向上をはかるため，予てからの懸案となっていた零戦の発動機を金星62型に換装する指示が，海軍から三菱に昭和19年11月に発せられた。

　最初の予定では昭和20年3月末にはこの工事を完了する予定となっていたが，三菱での空襲による工場被害の増大と疎開による混乱が重なったため，工事の進行は意の如く進行しなかった。

　しかしこれを担当した設計の佐野栄太郎，櫛部四郎，泉一鑑技師らの懸命な努力の甲斐あって4月下旬には飛行試験を実施することができるようになった。最終の試験結果では，最大速度572km／hという好成績をあげることができた。早速，増産に移されたものの，生産機が戦線に投入される前に終戦を迎えてしまい，有終の美を飾ることはできなかった。本試作機の製作機数は2機。

4）製作台数
　　a）金星3型　・・・・・・・昭和10年より12年まで109台。
　　b）金星40型・・・・・・・昭和11年より20年まで7,710台。
　　c）金星50型・・・・・・・昭和15年より20年まで3,689台。
　　d）金星60型・・・・・・・昭和15年より19年まで3,725台。

5）金星各型要目
　次頁に示す。

開発編─第2章・空冷式発動機

第2-4表 金星発動機要目表

社内呼称	呼称 陸軍	呼称 海軍	統合名称	気筒数	気筒径	行程	気筒容積	重量	発動機直径	減速比	過給方式	燃料供給	水噴射	出力 離昇	出力 公称	回転数 離昇	回転数 公称	公称高度
A8A		金星3型		14	140	150	32.34	544	1212	0.525	1速	気	無	840	790	2350	2150	2000
A8C		金星41型	ハ-33-41	〃	〃	〃	〃	560	1218	0.70	〃	〃	〃	1100	990	2500	2400	2000
〃		金星42型	ハ-33-42	〃	〃	〃	〃	〃	〃	〃	〃	〃	〃	〃	〃	〃	〃	〃
〃		金星43型	ハ-33-43	〃	〃	〃	〃	〃	〃	〃	〃	〃	〃	〃	〃	〃	〃	〃
〃		金星44型	ハ-33-44	〃	〃	〃	〃	〃	〃	〃	〃	〃	〃	〃	〃	〃	〃	〃
〃		金星45型	ハ-33-45	〃	〃	〃	〃	〃	〃	〃	〃	〃	〃	1000	1070	2550	2400	4200
〃		金星46型	ハ-33-46	〃	〃	〃	〃	〃	〃	〃	〃	〃	〃	〃	〃	〃	〃	〃
A8E	ハ-112	金星51型	ハ-33-51	〃	〃	〃	〃	642	〃	0.633	2速	〃	〃	1300	1200 1100	2600	2500	3000 6200
〃		金星52型	ハ-33-52	〃	〃	〃	〃	〃	〃	〃	〃	〃	〃	〃	〃	〃	〃	〃
〃		金星53型	ハ-33-53	〃	〃	〃	〃	〃	〃	〃	〃	〃	〃	〃	〃	〃	〃	〃
〃		金星54型	ハ-33-54	〃	〃	〃	〃	〃	〃	〃	〃	〃	〃	〃	〃	〃	〃	〃
A8L	ハ-112Ⅱ	金星61型	ハ-33-61	〃	〃	〃	〃	〃	〃	〃	〃	〃	〃	1500	1350 1250	2600	2600	2000 6000
A8K		金星62型ル	ハ-33-62	〃	〃	〃	〃	675	〃	〃	〃	噴	有	1500	1350 1370 1240	〃	〃	2100 7700 11000

5 ・「瑞星」発動機

1) 製作経過

　金星40型の完成によって，長年不振を極めていた三菱の航空発動機事業の基盤もようやく固まってきていたが，更にこれと設計思想を同一とする小型航空機用と大型航空機用の系列発動機の開発を計画的に継続することが決められ，その一番手が「瑞星」となり，次が「火星」の順となった。従って，「金星」，「瑞星」，「火星」の三機種は，いわば「金星一族」的な関係にあったと言える。

　「瑞星」発動機の計画担当者は西沢弘技師であったが，この発動機の場合は「金星」と違って，あらかじめ陸海軍の双方に開発についての了解が採られていたこともあって，完成する以前から軍から瑞星10型，ハ－26という呼称も与えられて，その誕生が期待されていた。この最初の10型系列は陸海軍の各機種に採用されていたが，20型系列は陸軍のみに採用されていた。

　本発動機は社内ではＡ14と呼ばれており，筒径は「金星」と同じ140mmであったが，行程は筒径より10mm短い130mmとされていた。昭和11年2月に計画が着手され，最初の瑞星11型は同年5月に第1号機が完成し，昭和12年6月には海軍の審査を終了していた。はじめ10型は1速過給であったが，次の20型では2速過給となり，その離昇馬力も850馬力から1,080馬力に増大され，公称馬力も

（側面）

（後面）

瑞星11型発動機

瑞星20型発動機

925馬力／1,800mから1,055馬力／2,800m及び950馬力／5,800mに増大している。この20型に対する陸軍の審査終了は昭和14年10月であった。

2）構造の特徴

この発動機の特異点としては，行程を筒径よりも短くし，いわゆるオーバー・スクエアーとしていたことであった。既存の発動機にはこうした寸法のものが全く無かったことから，担当した西沢技師も，気筒内の燃焼に問題が無いのか，ピストン壁の側圧が高くなるのではないかなどと，随分と気をもんでいたらしいが，実用に入ってからも特に問題を起こすことは無かった。

更に，設計期間を短縮する狙いもあって，先行していた「金星」との部品の共通性を極力維持することに配慮がはらわれていたが，これは高信頼性を確保することに有効であったと共に，量産の効率化にも効果があった。

なお，瑞星20型に採用された2速過給器方式は，金星50型や火星20型系列よりも先行して実施されたものであり，陸軍の100式司令部偵察機における隠密高々度偵察を可能とすることに大きく寄与していた。

3）要目

第5－1表参照のこと。

4）搭載機

a）海軍・94式水上偵察機／川西

本偵察機は3座水上偵察機の優秀機であったことから，昭和9年5月に制式機に採用されて以降，太平洋戦争の初期に至るまで長く使用されており，日本機中にあっても，これほど長期間にわたって使用されたものは他に例がなく，最長寿命機となっていた。

初期の1号水偵には91式水冷500馬力水冷式発動機が装備されていたが，昭和13年に性能向上のため，空冷式の瑞星12型（離昇出力870馬力）に換装されて2号水偵となった。この換装による速度上昇は10km／h時程度であったが，その実用性は格段に向上していた。

b）海軍・12試艦上戦闘機（後の零戦）／三菱

96式艦戦の後継機であった12試艦戦の計画に際して，設計主務者の堀越技師は，最初「金星」の搭載も考えたことがあったが，試作競争相手の中島機に勝つためには機体の小型，軽量化を図る必要性を強く感じて，自社の「金星」，「瑞星」の中から，より小型の瑞星13型を搭載することで計画を進めることにした。

12試艦戦の試作初号機は昭和14年2月に完成し，その後試験飛行を開始して順調な仕上がりを見せていた。

94式水上偵察機

零式戦闘機21型

　ところが，それ以前の昭和13年7月には，突然装備発動機を中島の「栄」に変更したいとの海軍側からの申し入れがあり，堀越技師らの三菱側はこの申し入れに強く反対していたが，結局昭和14年12月末から試験飛行を開始した試作第3号機以降には，指示通りの栄12型が搭載されて零式戦闘機21型となった。

　この栄12型発動機は，複列14気筒空冷式発動機の分野では，三菱に比してやや立ち遅れ気味であった中島が，ハ－5に続いて自社の2番手として開発したものであった。後年，堀越技師はこの換装を，「鳶に油揚げをさらわれた零戦」と評していたが，これは，やや曖昧な理由による換装であったことと，最初から「金星」を搭載しておれば，後期になって相次いだ零戦の性能向上対策をもっとスムースに行い得たであろうという反省の念が強かったからであったと思われる。

c）海軍・零式観測機／三菱

　本機は昭和10年2月に正式計画要求書が出されてきたもので，敵戦闘機の妨害を排除しながら味方艦艇の弾着を観測することを任務とする機であり，そのため従来に無い飛躍的な格闘性能を持たせることが要求されていた。

　三菱では，佐野栄太郎技師を主務者として設計作業を開始し，翌11年6月に試作第1号機が完成した。この時の装備発動機は中島の空冷式光1型（離昇出力820馬力）となっていた。

　ところが，試験飛行が進むにつれて，垂直旋回時や宙返りの際に激しい自転癖があることがわかった。この改善のために，主翼と垂直尾翼の形状の変更を何度

零式観測機

となく繰り返したことから随分と手間取った結果，制式採用となったのは昭和15年2月となってしまった。この間，昭和13年3月から実用試験に入った試作第2号機以降からは，瑞星13型（最大出力875馬力）に換装されていた。

本機は昭和16年半ば頃より部隊配備が開始され，太平洋戦争時には，特に基地設定が困難であった南方戦線において重用されていたが，その優れた空戦性能も敵陸上機が相手では限界があり，次第に活動範囲が狭められていった。

本機は海軍最後の複葉制式機であり，「零観」（ゼロカン）という愛称でも親しまれていた機である。

d）陸軍・97式司令部偵察機Ⅱ型／三菱

司令部偵察機とは，敵地奥深く侵入し，敵戦闘機に勝る高速度を利用して各種戦略目標の隠密偵察を行うことを目的としたものであり，この機が採用された頃，世界には類似の機種は見当たらず，日本陸軍独特の新機種となっていた。本機の開発の立案者は，当時陸軍の航空技術研究所に所属していた藤田雄蔵大尉であった。

昭和10年7月に出された試作指示（試作番号キ－15）に対し，三菱は河野文彦技師が主務者となり，久保富夫技師らの補佐を得て昭和11年4月にその試作第1号機が完成した。この機は，低翼単葉，固定脚の当時としては極めてスマートな機体形状を有しており，装備発動機は中島94式750馬力であった。

昭和12年3月に完成した試作第2号機は，朝日新聞社に購入されて「神風」号となり，4月6日に立川飛行場を出発して10日にロンドン到着，所要時間94時間

97式司令部偵察機Ⅱ型

17分56秒の国際飛行新記録を樹立して有名となり，日本機の優秀性を世界に示した。

本機が97式司令部偵察機Ⅰ型として制式機に採用されたのは昭和12年5月であり，その直後に勃発した日中戦争においては緒戦から期待以上の大活躍であった。

昭和13年6月，三菱は性能向上を図るために自発的に発動機を自社の瑞星14型に換えた2機の試作機を製作した。この機がⅡ型であり，その頃陸上偵察機に不足を来していた海軍が本機に着目して制式採用とし，98式陸上偵察機とした。これより後の昭和14年9月には陸軍も制式機に採用している。

三菱では，更に昭和14年には，2速過給器付きのハ－102（瑞星21型）に換装したⅢ型の試作を行ったが，この時既に，更に高性能の100式司偵が出現していたので，採用とはならなかった。

e）陸軍・100式司令部偵察機／三菱

本機は零戦に並ぶ傑作機となった機であり，「新司偵」という通称でも国民に親しまれたものであった。

陸軍は昭和12年12月，97司偵の後継機として600km／h以上の高速を有する次期司偵の試作指示を三菱に行った。

これを受けた三菱では，久保富夫技師を設計主務者として早速計画に着手した。同技師は杉山三二，水野正吉，加藤晴明技師らの協力を得て，きびしい要求性能を満たすためにハ－26Ⅰ型発動機（瑞星14型）装備の双発機として計画を進める

ことにした。

　しかし，この頃空冷式発動機装備機では，発動機ナセル前面に発生する衝撃波によって600km／hクラスの高速度を実現することは極めて困難だとする意見が専らであった。このため，久保技師は特に東京大学に高速風洞を利用したモデルテストを依頼すると共に，機体全体にわたってきめ細かな空力的洗練を加えることにより，見るからに快速を思わせる優美な小型双発機を完成させた。

　昭和14年11月に完成したこの試作第1号機は，テスト飛行において540km／hの好成績を挙げることができたが，指定されていた600km／hは未達成となっていた。しかし，当時の陸海軍のどの戦闘機よりも優速であったことから，100式1型司偵として制式採用が決まった。

　次いで，昭和16年3月，1型の性能向上を図るためハ－102（瑞星21型）に換装したⅡ型が製作され，その最大速度は一躍604km／hに達し，遂に空冷式発動機装備機で600km／hの壁を突破することに成功した。

　この機は更なる性能向上のため，後により大馬力の「金星」を搭載（金星の項参照のこと）することになったが，大戦中を通じて各戦線で広く使用され，「零戦」などと共に日本を代表する優秀機となっている。

　f）陸軍・99式襲撃機（99式軍偵察機）／三菱

　本機は日中戦争での戦訓により，地上部隊への作戦協力，あるいは敵飛行場などへの襲撃に使用することを主目的とする新機種であり，ほとんど戦闘機に近い軽快性と高速が要求されていた。

　試作指示が行われたのは昭和13年3月であり，三菱では河野文彦技師指導の下に大木喬之助技師が主務となり，前の97式軽爆をベースとして更にコンパクトに纏めた試作第1号機を昭和14年6月に完成させた。

　この機は，ハ－26Ⅱ型（瑞星15型，離昇出力940馬力）を装備していたが，この発動機は，過給器の扇車径を小さくして低空性能を特に重視したものであり，低空での速度，上昇力が必要な襲撃機にはうってつけのものとなっていた。

　試作後の実用試験も順調に終り，昭和15年から中国戦線に投入されたが，その

99式襲撃機

低空における操縦性の軽快さは絶妙とまで絶賛され，太平洋戦争でも全期にわたって活躍した。

偵察機型は，昭和13年12月に陸軍と三菱との打合せにより，襲撃機型の艤装の一部のみを偵察に使用するに適したように変更したものであった。

g）陸軍・2式複座戦闘機「屠龍」／川崎

本機はキ－45改と呼ばれたもので，とかく問題の多かった前作のキ－45の性能向上型として，昭和15年10月に再出発したものであり，その試作第1号機は昭和16年9月に完成した。

テスト結果によって性能，実用性共に大幅に改善されていることが認められ，太平洋戦争開戦後の昭和17年2月，陸軍最初の複座双発戦闘機として制式採用となった。

初期の生産型は中島のハ－25発動機（最大出力1,000馬力）を装備していたが，後にハ－102（瑞星21型，公称出力1,055馬力）に換装された。

太平洋戦争中，南方戦線において地上部隊や艦船の攻撃に使用されたこともあったが，本機の存在を有名としたのは，昭和19年半ば以降の本土防衛における対B－29迎撃戦であり，本来ならば味方爆撃機の長距離援護戦闘機として使用されるはずのものであったのに，その強力な火力を活かして思わぬ所で活躍することになった。

しかし，B－29が次第に高々度で来襲するようになると，高空性能が不足していた本機では，有効な攻撃をくわえることには限界があり，次第にその活躍の場

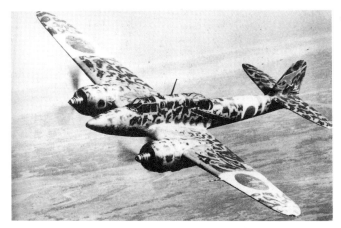

川崎2式複座戦闘機
「屠龍」

が狭められていった。

  h）陸軍・100式輸送機／三菱

　一般の軍用機に比べると，わが国での軍用輸送機は，その質，量共にアメリカなどに比べて大きな隔たりがあった。それでも，日中戦争の拡大にともない，高性能の専用輸送機を整備する必要性を強く感じた陸軍は，昭和14年8月末，三菱にキ-57として本機の試作を命じた。

　三菱では，本機のベースとなった97式重爆と同じく，小沢久之丞技師を主務者として計画を進め，客室のスペースを広くするために胴体は再設計され，更に主翼も97式重爆の中翼式から低翼式に改められた。

　試作第1号機は昭和15年7月末に完成し，初期の装備発動機は97式重爆と同じくハ-5発動機であったが，その後，主として装備発動機の信頼性向上のためにハ-102型（瑞星21型）に換装されて昭和17年5月に完成し，その後安定した性能を発揮するようになった。この型式をⅡ型，ハ-5付きをⅠ型とした。

　本機の第4号機は，MC-20型として民間用にも転用されることになり，昭和15年9月に羽田において完成披露式が行われた。

　キ-57（MC-20）は，日本では最初の本格的輸送機として比較的良く働いたとはいえるが，双発機でありながら，座席数は11席程度に過ぎず，その輸送力に

100式輸送機
（Ⅰ型）

は今一歩の感があったのは否めない。本機の製作機数は昭和15年より19年までⅠ型101機，Ⅱ型406機　計507機。

5）製作台数

昭和11年より19年まで12,795台。

6）要目

次頁に示す。

第5-1表　瑞星発動機要目表

| 発動機名称 | | 気筒数 | 気筒径 | 行程 | 気筒容積 | 重量 | 発動機直径 | 減速比 | 過給方式 | 燃料供給 | 水噴射 | 出力 | | | 回転数 | | 公称高度 |
社内呼称	陸軍											離昇	公称		離昇	公称	
瑞星11型		14	140	130	28.02	542	1118	0.688	1速	気	無	850	925		2540	2450	1800
瑞星12型		〃	〃	〃	〃	〃	〃	〃	〃	〃	〃	780	875		〃	〃	3600
瑞星13型		〃	〃	〃	〃	540	〃	〃	〃	〃	〃	1080	950		2700	2600	6000
瑞星14型	ハ-26-1	〃	〃	〃	〃	526	〃	〃	〃	〃	〃	850	900		2650	〃	3500
瑞星15型	ハ-26-Ⅱ	〃	〃	〃	〃	〃	〃	〃	〃	〃	〃	940	950		〃	〃	2300
瑞星21型	ハ-102	〃	〃	〃	〃	540	〃	0.625	2速	〃	〃	1080	1055 950		2700	〃	2,800 5,800

6・「火星」発動機

1）試作経過

「金星」と「瑞星」の両発動機を完成させたことにより自社空冷式発動機の標準形式を固めつつあった三菱は，昭和13年2月に次の大出力発動機の開発に着手した。

この発動機は，筒径を150mm，行程を170mmとし，三菱が以前に製作していたイスパノ650馬力発動機と同じ気筒寸法を採用しており，主として大型機搭載を狙い，社内呼称はA10であった。

三菱には，これより前の昭和10年2月に開発に着手し，翌年7月に完成した同一気筒寸法の海軍向け10試空冷800馬力（公称出力875馬力）を製作しており，この発動機が「火星」の原型となったと言われている。

この「火星」の開発の担当者は，主機が藤原光男，過給器と補機類が角田鼎，気化器が榊原裕，減速装置が黒川勝三らの各技師あったが，その他にも組立と工場運転に熊谷直孝，飛行実験と動力艤装関係は泉一鑑，曽我部正幸らの各技師も参加していた。

「火星」は，その初期から2速過給とした最初のエンジンであったが，その開発作業は順調に進み，最初の11型は昭和13年9月に完成した。本発動機の海軍の試作名称は13試ヘ号（MK4A）であり，陸軍ではハ－101と呼ばれていた。

10型系列に続いて，昭和16年5月には更に性能改善，出力を向上を行った20型系列の整備も行われた。これにより火星は，当時の国内での最大出力機でもあったことから，三菱のみならず，他社機にも広く使用されるようになっていた。

2）構造の特徴

火星10型系列に続いて開発された20型系列では，その最大出力は1,530馬力／2,450回転から1,850馬力／2,600回転に増大していたが，この10型と20型では出力，回転数の相違の他に，20型には水・メタノール噴射方式や，気化器方式に換えて燃料直接噴射方式を新しく採用したものが加えられていた。

（側面）

（後面）

（後側面）

火星11型発動機

　水・メタノール噴射方式とは，発動機の高ブースト時に起こる気筒内のデトネーションを防止するために開発されたものであった。デトネーションとは，気筒内において異常爆発ないし急速な燃焼が起こる現象であり，激しい吐煙，振動を起こして出力が急低下し，時にはピストンが溶解して穴があくなどの重大なトラブルにつながることがあった。

　この防止対策としては，高オクタン価の燃料を使用したり，高濃度の混合ガスを供給する方法があったが，当時の日本では高オクタン価の燃料は次第に欠乏してきていた一方で，ますます高出力が要求されるようになってきたため，この水噴射方式が広く使われるようになったのである。

　この方式では，高ブースト時に燃料の量に制限を加え，その減量分に相当する水を気筒内に噴射して制爆剤とすることにより，低オクタン価の燃料でも支障なく使用できるようにすることを狙ったものであり，噴射水には凍結防止のためメタノール（容積比50％）と，

火星14型発動機

火星21型発動機

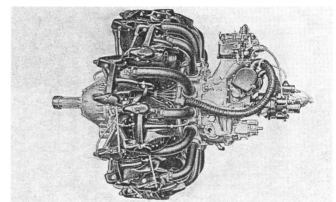

火星23型甲発動機

防食剤として乳化油（容積比0.3％）が加えられており，これを過給器付近に霧状で噴霧して燃料と共に気筒内に供給されていた。

しかし，この方式は許容ブーストを上げることには有効であったが，発動機の全開高度が下がり，最高速度値および全開高度以上の高度における性能改善には余り有効ではなかったとも言われており，結果的には高オクタン価の燃料の使用と比べると，その効果は限定的であったともされている。

この「火星」で，特に苦労の多かったのは，局地戦闘機「雷電」に装備された発動機での原因不明の振動問題であり，この解明には思わぬ長時間を要してしまっていた。

海軍は，昭和15年4月，日中戦争における苦い戦訓によって，敵爆撃機迎撃専用の局戦の必要性を痛感し，その試作指示を三菱に対して行った。

この機の主務者であった堀越技師が，基本計画を進めるに当たって最も頭を悩ました問題は，その装備発動機をどう選定するかであった。

要求されていたきびしい性能値を達成するためには，適当な大出力発動機を選定する必要があったが，当時採用可能な社内発動機には，「火星」以外に適当なものが無かった。それでも，局戦とはいえ，戦闘機である以上，装備発動機にはできるだけ外径の小さいものが好ましいのは当然のことであった。

当時，「火星」以外の候補となり得る他社発動機としては，ドイツの液冷式Ｖ型のダイムラーベンツ601Aを国産化した愛知の13試ホ号（離昇出力1,200馬力）があったが，これは未だ信頼性に問題があるとして，14試局戦には不適当であるとの判定が海軍から下されていたため，結局は自社の「火星」搭載で計画を進めざるを得なくなったのである。

この結果，先ず大きな課題となったのは，主として大型機用であった外径の大きな空冷式発動機を装備させることによる機体抵抗の増大を，いかにして少しでも減らすかであった。社外の空力専門家の意見も参考にしながら，最終的にまとめられた機体形状は，発動機覆いに対する空気の圧縮性による影響を減らして前面抵抗を減少させるため，プロペラ位置を延長軸を用いて発動機本体から離し，発動機覆いの前端を前に延ばして，この部を細く絞り込むことであった。その上，

発動機の冷却に必要な空気量を充分に取り込むために，冷却用ファンを発動機前面の開口部に設置することになった。この延長軸の採用や，冷却用ファンの設置は，ＢＭＷ星型などのドイツの影響が強かったと見られるが，三菱でも最初の試みであった。この構造の妥当性を予め確かめておくための予備試験も前もって行われていたが，昭和17年3月より開始された最初の試作機のJ2M1でのテスト飛行結果においては，特に危惧されていた延長軸採用による振動などの問題は全く発生していなかったのである。ところが，性能向上のために，より大出力の発動機に換装を行った次のJ2M2では，テスト飛行開始早々から解決困難な振動トラブルが発生した。この改善のため種々の対策が次々にうたれてはいったが，どれも決め手とはならず，関係者の懸命な努力にもかかわらず，ずるずるとその解決は先に持ち越されていった。

　しかし，この長く続いたトラブルも，最終的にはプロペラ翼の剛性不足に主原因があることが判明した。即ち，プロペラ翼が傘を開いたり閉じたりするような振動を生じており，それが機体の前後方向の振動として伝わっていたことが分かり，プロペラ翼の剛性を高めることでようやく解決することができた。それでも，この思わぬ長期間を要した振動対策によって，「雷電」の戦線投入は大幅に遅れてしまったのである。この間の状況については，後の「搭載機」の項でも更に触れることにする。

　また，この「火星」には，特殊なものとして二重反転プロペラを装備可能としたものと，減速歯車をシリーズにつなぎ，減速比を0.5に近づけた遊星平歯車式のものも製作されていた。いずれにせよ，「火星」発動機は当時の最大出力発動機として，自社機のみならず他社機にも数多く搭載されており，三菱発動機内での最大量産機種となっている。

　以下に各型の特徴をあげると，

	減速比	離昇馬力	公称馬力 (一速)	特 記 事 項
火星11型	0.684	1,530	1,480	最初の量産型「火星」発動機。扇車径280mm, 減速比7.4／9.12。
火星12型	0.5	1,530	1,480	11型の減速装置は遊星歯車式であり, 減速比0.684であるのに対して, 12型は遊星傘歯車式で減速比は0.5である。性能は全く11型と同一である。
火星13型	0.684	1,460	1,420	13型は11型に延長軸を備え, 翼車直径及びその増速比を異にするのみである。即ち, 11型は翼車直径280mm, 増速比は第1速7.4, 第2速9.1であるのに対して, 13型はは翼車直径320mm, 増速比は第1速7.0, 第2速9.1であって, 公称高度を11型に比し遙かに増大させている。
火星14型	0.625	1,460	1,420	11型に二重反転軸を備え, 過給器は13型と同一であり, 11型の過給器公称高度を増大させたものである。
火星15型	0.684	1,460	1,420	11型に13型と同じ過給器をつけて高空性能を向上させたものである。
火星21型	0.538	1,850	1,680	11型の減速装置を二重遊星平歯車とし, 過給器の2速公称高度を増大し, 且つ給気系統に水噴射を行って性能を向上させたものである。
火星22型	0.5	1,850	1,680	減速装置を12型と同じとし, 過給器は12型の2速公称高度を増大し, 且つ水噴射装置を装備して性能を向上させている。
火星23型	0.5	1,900	1,720	13型の減速装置を22型のものに変更した上, 延長軸, 強制冷却ファン及び水噴射装置を新設し, 燃料噴射を行って性能を向上させているが, 振動問題の発生に悩まされた。
火星24型	0.625	1,900	1,600	21型に14型の二重反転プロペラ軸を装備させ, 14型の性能を向上させている。
火星15型乙	0.625	1,850		21型の減速装置の遊星歯車数を6個から10個とし, 燃料噴射を行って15型の性能向上を行っている。

以上の如く, 種々の性能向上対策が実施されていた。

3）要目

第6－1表参照のこと。

4）搭載機

a）海軍・14試局地戦闘機「雷電」／三菱

上述している如く，「雷電」は日本最初の本格的な敵爆撃機迎撃用の局戦として計画された機であり，昭和14年9月に，三菱のみに対して試作指示が出されてきた。

三菱では，堀越技師（途中から高橋己治郎技師に交代）を主務者とし，曽根嘉年，加藤定彦技師らを配して計画を進めることにした。

装備させる大出力発動機の選定に苦労はあったが，延長軸型発動機の採用によって機首を前方に絞り込んで胴体形状を大きな紡錘形とし，火星13型発動機を装備した試作第1号機（J2M1）は昭和17年2月に完成した。

このJ2M1が完成する以前の昭和16年7月において，本機の計画性能を達成するための発動機出力が不足している懸念が持たれていたことから，更に大出力で，水，メタノール噴射付きの火星23型に換装し，性能を向上させる機体（J2M2）に移行することが事前に決まっていた。

完成した火星13型を搭載するJ2M1のテスト飛行は，懸念されていた通り，速度，上昇力共に計画値に及ばなかったことから，予てからの計画通り火星23型に換装することになった。

最初の装備発動機の火星13型の公称馬力は1,250馬力であり，次の23型では1,510馬力と増加していたが，これに水，メタノール噴射を行うと，更に70馬力

「雷電」11型局地戦闘機

程度の馬力増加が見込まれていたことから，この換装によって20～30％程度の出力増加が期待されていたのである．

　J2M2のテスト飛行は昭和17年10月から開始されたが，その直後から発動機の不調によって黒煙を激しく噴くことと，発動機自体の振動がはなはだしいことがわかった．

　この発動機不調による黒煙発生は，水，メタノール噴射装置の調整によって直ぐに改善することができたが，発動機の振動は早速行われた防振ゴムの改良によってもわずかに低減されたに過ぎず，この振動問題の解明は，その後1年以上にわたって関係者たちを苦しめることになった．

　前のJ2M1では，発動機の振動は特に問題とはなっておらず，この新しい振動トラブルは発動機換装後に起きたことであることから，その原因は発動機自体か，プロペラ（J2M1の3枚ペラから4枚ペラに変更）に潜んでいるものと推測されていた．

　三菱でこの解決を担当したのは名古屋発動機研究所の山室，佐野の両技師であり，テスト飛行の行われていた鈴鹿飛行場に常駐して懸命に事故解明に取組んだ．

　最初に実施した発動機の減速比を0.54から0.5に変更した対策も決め手にはならず，次にはプロペラとクランク軸の共振を防ぐため，プロペラに付けた不平衡重錘の最適位置を見つけるための飛行テストを何度となく繰り返し行った．

　しかし，昭和18年6月16日，これに熱心に取組んでいたテスト・パイロットの帆足大尉の乗機の機首が離陸直後に不意に下がり，地上に激突して帆足大尉が殉職するという重大事故が発生した．この事故は，当初には発動機の不調に疑念がもたれていたが，最終的には発動機自体には原因が無く，脚部の設計不良と調整不良が重なったことによることが，しばらくした後に判明した．

　こうして多くのテストを1年余も重ねた最後になって，この困難を極めた振動問題の原因はプロペラ翼の剛性不足が主原因であることがわかり，対策としてプロペラ翼の剛性の強化を行うことによって，ようやく一応の解決を見ることが出来た．

　この長引いた振動問題によって，J2M2が雷電11型として制式化されたのは，

昭和19年1月頃となってしまっていた。

しかし、こうした遅延はあったものの、本機の高度6,000mまでの上昇時間が5分40秒という卓越した上昇力と優れた加速性、強力な武装、更には高速時の操舵性の良さなどは、日本戦闘機中でも傑出したものとなっていた。

本機には制式採用後も、高空性能の改善、武装の強化の他に、終始つきまとった視界不良の解決のための改善、改修が、下記のように実施されていた。

●21型　（J2M3）

昭和17年10月、胴体の7.7mm機銃を廃して、主翼に20mm機銃を4挺備えて、ベルト給弾式とし、胴体内主タンクをゴム被覆防弾式とした機で、初飛行は昭和18年10月であった。装備発動機は火星23型甲であった。

●31型　（J2M6）

21型の風防を50mm高くし、幅を80mm広げた他、発動機覆の上部両側を削って視界改良策が施された。

●32型　（J2M4）

高空性能改善のため、「雷電」に排気タービン過給器を装備した試験機で、別途改造された空技廠の実験機と並行してテストが行われた。三菱機は昭和19年8月に完成し、9月よりテスト飛行を開始したが、満足な結果が得られずに、翌年4月にテストは中止された。空技廠機も成果をあげることなく終ってしまった。

●33型　（J2M5）

火星23型甲に装備されていた過給器の扇車径を増大すると共に、空気吸入通路を拡大して全開高度を高めた新しい過給器を装備した火星26型に換装した機であり、昭和19年5月20日に初飛行を行った。その結果、最高速度614.5km／h／高度6,585m、上昇時間9分45秒／8,000mという好成績を収めることができた。

この高性能は、当時存在した陸海軍戦闘機を通じて最高のものであった。これにより対B-29迎撃戦のホープとして期待されて直ちに緊急量産に入ったが、度重なる工場被爆によって、その生産機数は僅かに30数機に止まってしまったのは惜しまれる。

この「雷電」は，装備発動機の不調が長引いて戦線投入が大幅に遅れてしまった機ではあったが，本土に来襲するB－29迎撃戦においては，アメリカ側から最も恐れられた日本戦闘機となっていた。しかし，配備された部隊からは，視界不良や離着陸の難しさなどから，その評価は必ずしも良いものとは言えず，これほど評価が大きく別れた機も珍しい。

　特に，熟練パイロットの消耗が激しく，それに零戦での取扱の容易さとの対比から，局戦の性格に馴染まないパイロットや整備員からは毛嫌いされる傾向が強かったともいわれている。

　しかし，本機の運動性は非常に優れたものであり，縦軸まわりの慣性能率の小さいことから，横転時の運動性は日本戦闘機中随一であったという。さらに，縦の運動性についても，良好な舵利きと相まって，アメリカのF6F戦闘機クラスとも互角に戦うことも可能であったと言われている。また，急降下時の突っ込みの利くことも第1級のものであり，その"熊ん蜂"とも呼ばれた精悍（せいかん）な外貌（がいぼう）の内に，多くの秀でた特性を秘めていた。

　しかし，三菱のみでの生産機数は470機に過ぎず，他の厚木にあった高座工廠の生産分を含めても600機にも達しなかった機数では，群がるB－29に対するには余りにも力不足であったと言わざるを得なかった。

　b）陸軍・97式重爆撃機Ⅱ型／三菱

　97式重爆撃機Ⅰ型は，陸軍最初の近代的重爆として日中戦争初期の昭和13年以降中国大陸において活躍中であったが，相次ぐ改造に伴って機体重量が試作時より約1,000kg増してきていたために発動機の出力の強化が必要となり，昭和14年11月に三菱に対しハ－101（火星11型，離昇出力1,500馬力）に換装したⅡ型の試作が指示された。それまでのⅠ型の装備発動機は中島計画のハ－5（離昇出力950馬力）であったが，本発動機にはやや信頼性に不安が感じられていた。

　この換装に当たり，三菱では第272号機（Ⅰ型丙）に用いて換装に関する先行テストを行って，正規のⅡ型1号機の第432号機は昭和15年12月に完成した。

　この換装を機に，プロペラをそれまでの可変ピッチ式から定速式に変更し，武

97式重爆撃機Ⅱ型

装を強化するなどの多くの改善が並行的に実施された結果，その性能や信頼性が格段に向上するという好結果が得られた。

　本機は，太平洋戦争の末期まで陸軍重爆の主力として活躍を続けており，後継機とされた中島の100式重爆「呑龍」の出現後も，こちらの機に比重を置くケースが多かったといわれている。しかし，大戦中期頃より空戦による被害が増加し，ニューギニア作戦の頃から本機の活動範囲は次第に狭められるようになっていた。

　それでも，大戦末期の沖縄戦においては，本機を使用した「義烈空挺隊」による敵基地に対する特攻作戦が実施されて，その最後を飾ったが，この機種は民間でも貨物輸送機として重用されていた。

　c）海軍・１式陸上攻撃機／三菱

　本機は，海軍最後の制式陸攻として太平洋戦争の全期を通じて使用されたものであったが，双発の機体に４発機並の性能を要求されていた。そのため，必要な膨大な量の燃料を翼内のインテグラル・タンクに収納せざるを得なくなり，この部分の防弾設備の不備によって敵弾を受けると容易に発火しやすいという重大な欠陥があった。

　海軍が，予想を超えた優秀機となった96式陸攻の後継機として，本機の試作要求書を三菱に手交したのは，昭和12年9月のことであり，名称は「仮称12試陸上

1式陸上攻撃機34型

攻撃機」（G4M1）となっていた。しかし，その内容は前の96式陸攻と比べても余り前進したものとはなっておらず，装備発動機も金星1,000馬力×2基となっていた。

それでも，翌13年になると日中戦争での戦訓による兵装，艤装に対する改善点が明確になり，三菱も96式陸攻と同じ本庄季郎技師を主務者とし，加藤定彦，井上伝一郎，疋田徹郎技師らと共に開発作業を本格化させていった。

要求されていた性能を満足させるためには，指定されていた「金星」では明らかに馬力不足であったが，この頃タイミング良く離昇馬力，1,530馬力の「火星」11型発動機が開発されたため，本発動機を搭載することで計画が進められた。

試作第1号機は昭和14年9月に完成し，期待を上回る高性能を発揮することが出来ていた。

ところが，海軍はこの機を次期陸攻としてではなく，その頃中国において損害の多かった96陸攻を援護するための長距離援護機（または翼端援護機）に改造することを三菱に命じてきた。

案の定，この機は武装強化した際の重量増加による性能低下によって使い物とはならず，改めて12試陸攻が1式陸攻11型として制式採用になったのは，昭和16年4月になってしまった。

この1式陸攻は，昭和16年夏頃より中国戦線に投入されたが，太平洋戦争勃発時には，96陸攻と共にマレー沖海戦においてイギリス戦艦2隻を撃沈するという華々しい活躍を示した。しかし，大戦の中期以降になってアメリカ軍の反攻が強

化されるにつれて，インテグラル・タンクの防弾設備の脆弱さを露呈するようになり，次第に活躍の場を狭められていった。

本機には，防弾設備の強化と性能向上などを主目的とする多くの改造型があったが，その装備発動機は以下の表のようになっていた。

機　種　名	装　備　発　動　機
1式陸攻11型	火星11型　（気化器式）
〃　21型	〃　15型　（気化器式，水噴射）
〃　22型	〃　21型　（気化器式，水噴射）
〃　24型	〃　25型　（気化器式，水噴射）
〃　25型	〃　27型　（気化器式，水噴射）
〃　26型	〃　25型乙（燃料噴射式，水噴射）
〃　27型	〃　25型乙（燃料噴射式，水噴射）
〃　34型	〃　25型　（気化器式，水噴射）

上記表の最後にある1式陸攻34型は，防御力の弱いインテグラル・タンク構造に換えて，ゴム被覆を行った防弾タンクを翼内に設置することにしたものであった。この試作第1号機は昭和19年1月になってようやく初飛行を行ったが，その後海軍は，本機に対して更に大きな防弾効果を期待して，鐘紡が製造していた人造樹脂「カネビアン」を張りつけた内袋式タンクを翼内に収納する方式を採用しようと試みたが，この樹脂の施工方法に問題が多くて実現には至らなかった。

本機はその特異な機体形状から，「葉巻型」と呼ばれて一般国民からも親しまれており，多くの優秀な性能を秘めていた。しかし，双発機でありながら四発機並の性能を要求されていたために，防御力に対する配慮を払う余地を全く持たされていなかったことが致命的となり，本来の力を発揮することが出来ずに，多くの犠牲機を出してしまった。

昭和20年8月19日，沖縄の伊江島に無条件降伏の軍使を運んだ飛行が，太平洋戦争の全期間を戦い抜いた悲運の1式陸攻の最後の飛行となった。

d) 海軍・2式飛行艇／川西

　前作の97式飛行艇の大成功によって大型飛行艇の計画に対する自信を深めた海軍は，昭和13年8月に後継機の試作を川西に指示した。その計画性能は，最高速度240ノット（444km／h）以上，航続力は巡行速度で8,330km以上というきびしいものであった。当時400km／hを超える飛行艇は世界の何処にも存在しておらず，しかも太平洋戦争を通じて4発の大型飛行艇を運用したのは日本海軍のみであった。

　本機の計画主務者は，97艇と同じく菊原静男技師であったが，前作の翼支持方法が艇体からの支柱で支えるパラソル方式であったものを，より抵抗の少ない肩翼方式に変更し，翼自体もアスペクト比9という長大翼を採用した。

　この試作第1号艇は，火星11型を装備して昭和15年2月に完成した。試作艇の飛行テストが始まってまず問題となったのは，滑水時の飛沫（ひまつ）が艇体やプロペラをはげしくたたくことであったが，この対策として艇体の高さを増すと共に，艇首底面に川西独自の考案による波抑え装置を取り付けることによって解決された。

　また，実用期に入っても，水上滑走時の縦安定の悪さ（ポーポイジング現象）があったが，画期的な高性能の本機では，ある程度のものは止むを得ないものとされて，本機の操縦に習熟したパイロットの指導もあって，特に大きな欠陥とはされなかった。

　この2式飛行艇の完成によって，海軍は飛行艇部隊の拡充を積極的に行い，最初の火星11型装備の2式飛行艇11型を12機，火星22型装備した12型を102機，更

川西2式飛行艇

に火星25型乙を装備した仮称23型を含め，総生産機数は131機に達していた。
　しかし，これほどの高性能機であっても，太平洋戦争においては本来の攻撃用としての活躍の場はほとんど無く，民間用も含めて大戦末期には専ら離島からの要員輸送用として使用されるにとどまった。

　　e）海軍・水上偵察機「紫雲」／川西
　本機は前述の愛知製作の「瑞雲」と同じ昭和14年に計画されたものであったが，本機には従来の偵察任務に加えて敵戦闘機の制空権下における強行偵察を可能とする画期的な高速性能が要求されていた。試作指示を受けた川西では，昭和14年7月から設計を開始し，昭和16年12月に試作第1号が完成した。
　本機には，水上機でありながら敵戦闘機に劣らぬ高速性能を要求されていたため，各種の斬新な技術が適用されていた。その主なものは，
　イ）この頃の実用発動機としては最大馬力を有する火星24型を装備し，その大馬力吸収と，水上滑走時のトルクの影響を少なくするために，日本機としては初めての二重反転プロペラを採用していた。
　ロ）単フロート式とし，これは緊急時には投下できるようにし，翼端の補助フロートも抵抗減少のため半引込式とされていた。
　ハ）翼型には東京帝国大学の谷一郎教授の開発したＬＢ翼と呼ばれていた層流翼を採用していた。
　ニ）武装も上後方の7.7ｍｍ機銃1丁のみとして重量軽減に努めた。
　こうして，多くの新工夫を凝らして製作された試作第1号機ではあったが，初

川西水上偵察機
「紫雲」11型

105

期のテスト飛行時にフラップの故障により着水する際に転覆事故を起こし，その後も翼端フロートや二重反転プロペラの不具合などが重なり，テスト飛行期間が予想以上に長引いてしまった．

　ようやく昭和17年10月に領収されて，同年中に4機が引き渡された．その後，2式高速水偵の名で増加試作機10機が発注され，昭和18年8月には「紫雲」11型として制式採用が決まった．

　しかし，試験的に実戦に配備されたものの，期待されていた程の成果を挙げなかったためか，量産には移行していない．

　f）海軍・水上戦闘機「強風」／川西

　この水上戦闘機自体は日本海軍独特の機種であり，他国にはこの機種の使用例はきわめて少なかった．太平洋戦争が開始された昭和16年12月8日，海軍が当時優秀な空戦性能を発揮していた零戦を中島に命じて水戦に改造させていた試作機が，この日偶然にも初飛行を行っていた．この機は2式水戦として制式採用になり，太平洋戦争初期の南方戦線において，基地設定の間に合わぬ地域に配備されて期待通りの活躍を示した．

　海軍は昭和15年，水上機の製作経験を豊富に持つ川西に対して，2式水戦の後継機の試作指示を行っている．

　川西では，大きなフロートを持つ水上機のハンディを克服するために，この機に当時採用可能な新技術を積極的に取り込むことにして，層流翼，二重反転プロ

川西水上戦闘機
「強風」

ペラ，引込式フロートなどを採用すると共に，空戦時の格闘性能を向上させるための自動空戦フラップも装備させることにした。

装備発動機には火星14型を使用し，その頃試作中であった「雷電」に倣い，発動機延長軸を採用して，胴体前面を絞り込む機体形状を採ることにした。

試作第1号機は昭和17年5月からテスト飛行を開始したが，まず問題となったのは二重反転プロペラにトラブルが頻発し，その整備にも困難が多かったことであった。このため第2号機以降は火星13型に換え，プロペラも普通の3枚羽根のものに変更された。

本機が制式採用となったのは昭和18年12月であり，その最大速度も485km／hの高速を発揮していたが，採用時期のおくれもあって，南方戦線において活躍する場はすでに失われてしまっていた。しかし，本機は後に陸上用戦闘機の「紫電」に改造される原型機となっている。

g）海軍・「天山」艦上攻撃機／中島

本機は97式艦攻の後継機として，昭和14年12月に中島に試作指示が行われ，試作第1号機の初飛行は昭和16年3月に行われた。

本機の装備発動機の候補には，中島の「護」（公称1,870馬力）と，「火星」（公

中島「天山」
艦上攻撃機

称1,500馬力）の両発動機があげられていた。これに対し海軍は，「火星」の方が実用化時期が早いとして，「火星」装備を推奨していたが，中島は自社の「護」の方が以後の改修や保守に何かと便利であると主張して「護」の装備を強く推し，結局，大馬力の「護」が搭載されることになった。

　本機は従来の艦攻に比べて非常に大型となっていたが，機体そのものは手慣れた低翼単葉機であり，空母搭載時の寸法制限から垂直尾翼をやや前方に傾斜させていることと，4翼のプロペラの採用，後下方銃座の設置などに特徴があった。

　この機のテスト飛行の結果では，「護」発動機の油温上昇，振動問題や機体関係の改修に手間取り，海軍に領収されたのは昭和16年7月となり，その後性能テストを終えて「天山」11型として制式採用となったのは昭和18年8月となってしまった。

　しかし，この11型の「護」発動機は出力は大きいが，大型で重く，振動も多かった。このため，昭和19年3月，やや出力は小さいが，より信頼性の高い火星25型に換装した「天山」12型になった結果，機体，発動機共に信頼性を格段に向上させることができた。この12型の性能は，ライバルであったアメリカのグラマンTBFアベンジャーを上回っており，海軍最後の優秀艦攻ではあったが，終戦近くになると搭載空母の喪失や老練パイロットの消耗によって，本来の艦載機としての役目を果たすことは出来なくなっていた。

　h）海軍・13試陸上攻撃機「深山」／中島

　日本海軍には4発の陸上攻撃機の制式機は存在しなかったが，この「深山」と17試の「連山」は，共に試作が試みられた4発機であった。

　昭和12年秋，この種の大型攻撃機を早急に自力で国産化することは困難であると考えた海軍は，当時アメリカのダグラス社で開発中であったDC－4E型の4発旅客機をモデル機として活用することを考え，三井物産を通じて試作機1機を購入すると共に，その製造権を獲得した。

　購入機は，昭和14年10月に海路日本に到着し，11月にテスト飛行を行った後，秘かに霞ヶ浦に運ばれ，ここで分解されて詳細な調査が行われ，大型攻撃機の設

中島13試陸上攻撃機
「深山」

計に必要な各種のデータが収集された。しかし皮肉にも，この機はアメリカでも大き過ぎて実用性に乏しいと判定されて設計変更となり，その後実際に製作されたDC-4／C-54は全く別個の機体となっていた。

それでも，日本で製作された試作初号機は昭和15年12月に完成し，翌年4月よりテスト飛行を開始した。この初号機の外形は原型機と殆ど変わっていなかったが，低翼式を中翼式に改め，垂直尾翼も3枚から2枚に減らされていた。

本機は，その後3機の増加試作機が製作されたが，機体重量が過大であったことなどから，性能は大幅に計画値を下回っていた。

最初に本機に装備されていたのは中島の護11型発動機（離昇出力1,870馬力）であったが，この不調が長く続いたため，後に製作された2機は火星12型発動機（離昇出力1,530馬力）に換装されたが，その後続けられたテスト飛行によっても性能改善のメドが得られなかったために，遂に不採用に終ってしまった。

この機の失敗の原因は，モデル機の選定に起因する所が大きかったとはいうものの，この頃の日本には未だ大型機をまとめるほどの技術力が十分に育っていなかったことによるものと考えられる。なお，この機は，昭和18年以降は大型輸送機として，主に魚雷などの兵器運搬用に使用されていた。

5）製作台数

この「火星」発動機は，「金星トリオ」の3機種の中でも最も多量生産されたものであり，その総生産台数は15,897台で，次の「金星」の15,124台をも上回っていた。

第6-1表・火星発動機要目表

呼称			気筒数	気筒径	行程	気筒容積	重量	発動機直径	減速比	過給方式	燃料供給	水噴射	出力		回転数		公称高度
社内呼称	陸軍	海軍	統合名称										離昇	公称	離昇	公称	
A	ハ-101相当	火星11型	ハ-32-11	14	150	170	42.05	725	1340	0.684	2速	気	無	1530	1410 1380	2450	2350 2350	1000 4000
		火星12型	ハ-32-12	〃	〃	〃	〃	740	〃	0.5	〃	〃	〃	〃	〃	〃	〃	〃
		火星13型	ハ-32-13	〃	〃	〃	〃	770	〃	0.684 (延長軸)	〃	〃	〃	1460	1420 1300	〃	〃	2600 6000
		火星14型	ハ-32-14	〃	〃	〃	〃	800	〃	0.625 (二重反転)	〃	〃	〃	〃	〃	〃	〃	〃
		火星15型	ハ-32-15	〃	〃	〃	〃	725	〃	0.684	〃	〃	〃	〃	〃	〃	〃	〃
		火星21型	ハ-32-21	〃	〃	〃	〃	780	〃	0.54	〃	〃	有	1850	1680 1540	2600	2500 2500	2100 5500
		火星22型	ハ-32-22	〃	〃	〃	〃	750	〃	0.5	〃	〃	無	〃	〃	〃	〃	〃
10		火星23型甲	ハ-32-11	〃	〃	〃	〃	860	〃	0.5 (延長軸)	〃	噴	〃	1820	1600 1520	〃	〃	1300 4100
		火星24型	ハ-32-24	〃	〃	〃	〃	800	〃	0.625 (二重反転)	〃	気	有	1850	1680 1540	〃	〃	2100 5500
		火星25型	ハ-32-25	〃	〃	〃	〃	760	〃	0.625	〃	〃	〃	〃	〃	〃	〃	〃
	ハ-111相当	火星25型乙	ハ-32-25乙	〃	〃	〃	〃	〃	〃	〃	〃	噴	〃	〃	〃	〃	〃	〃
		火星26型	ハ-32-26	〃	〃	〃	〃	〃	〃	〃	〃	〃	〃	1800	1510 1810	〃	〃	2800 7200

7・A 18発動機

1) 試作経過

　太平洋戦争中における日本機の装備発動機にかかわる大きな問題点として，大馬力発動機と排気タービン過給器の開発の遅れがあったことは，よく指摘されていることである。

　特に大戦中期以降になると，2,000馬力以上の強力な大馬力発動機を装備したアメリカ側戦闘機が，その優位性を活かして高速，強武装，強防備を有するようになっていたのに比べ，これに対抗する日本側の零戦や，陸軍の隼戦闘機などはせいぜい1,000馬力をわずかに超す程度の発動機しか装備しておらず，その特長であった軽量で格闘性能に優れていることなどはもはや通用しない時代となってきていた。更に，量的な劣勢も加わって，両者の戦力の差は急速に大きく開く一方となってきたのであった。

　この発動機は，開戦前の昭和15年に開発を完了した日本最初の空冷式18気筒の大馬力発動機ではあったが，アメリカと比較すると，両国の大馬力発動機開発についての時期には数年程度の大きな差があったことは否めない。

　このA18発動機の気筒径と行程は，「火星」と同じ150mmと170mmであり，昭和14年度の試作発動機として計画され，陸軍のハ－42－11型（A18A型）として昭和14年8月に初号機が完成し，昭和15年6月に審査運転を終了していた。

　この発動機の初期型であるA18Aの性能は，離昇出力1,900馬力，公称出力1,730馬力となっていた。この気筒総容積当たりの離昇出力は35馬力／リットルとなっており，その後に開発された三菱のハ－43（A20発動機）や中島ハ－45（誉発動機）などが，50馬力／リットルを超えていたのと比較すると，かなり低い値に抑えられていた。

　この発動機の設計思想自体は，いたずらに背伸びすることなく，高信頼性を確保するために，従来の使用実績を基にした余裕のあるものとなっており，これが成功の原因となっていたと思われる。ハ－43（三菱A20発動機）や，ハ－45（中島「誉」発動機）などが，トラブルの多発に悩まされていたのと比較すると，こ

側面

前面

A18A発動機

の考え方は全く妥当なものであったと言えよう。

　A18発動機の設計主務者は荘村正夫技師であったが、計画当初の大きな問題点は、この発動機では既成の「金星」系発動機と同じく、前後列のカム配列を前方集中式としていたために、気筒冷却が十分に行われるかどうかに不安が感じられていた。

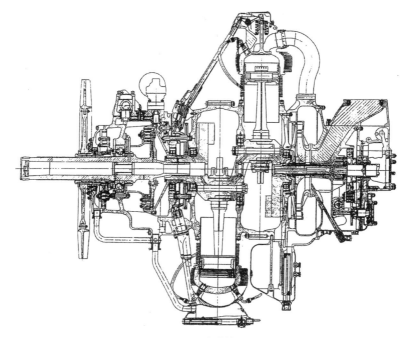

A18A発動機

　最初はバッフル・プレートの配置を適切にすることで解決することが考えられていたが，後に「火星」で試みられたのと同様に，増速比3.5の強制冷却ファンを置くことが決定された。

　この発動機を最初に装備したのは，陸軍最後の優秀制式爆撃機とされている（キ-67）4式重爆撃機「飛龍」であったが，この冷却ファン設置による独特のキーンという甲高い爆音が本機の大きな特徴の一つともなっていた。

　上図は，ハ-104として量産されたハ-42-11の唯一残された断面図であるが，飛行中も地上運転時も気筒温度がほとんど一定を保っており，その冷却能力は極めて良好であったという。

　このA18発動機には，次のような改造が行われていた。

　1）ハ-42-11型（A18A型）

　　　前述している通り，昭和14年8月に初号機が完成し，陸軍のキ-67爆撃機

A18E発動機（上面）

や立川飛行機のキ-70双発司令部偵察機に搭載された。

2）ハ-42-21型

ハ-42-11型の過給器を2段式として排気タービン過給器を追加したもので，地上及び高々度性能を向上したものであった。

昭和18年5月に第1号機が完成し，キ-67により飛行試験を施行中，昭和20年6月の爆撃により試験機が大破して，そのまま終戦となった。

3）ハ-41-31型（A18E型）

ハ-42の地上性能を向上すると共に，2段過給器の第1段には流体接手を用いて圧縮比を連続的に変更可能とし，第2段は1速の機械駆動式としたものであった。昭和19年2月に陸海軍の審査を終了し，キ-67に搭載して試験飛行中であったが，ハ-42-21型の飛行試験が急がれていたため，昭和20年4月にその試験を一時中断し，そのまま終戦となった。

2）構造の特徴

このA18E型において特記すべきことは，本機では「金星」以来の三菱エンジンの大きな特徴の一つとなっていたカム配列が，前方集中式から前後分離式に改められたことであって，前列気筒用は発動機前方に，後列気筒用は発動機後方に

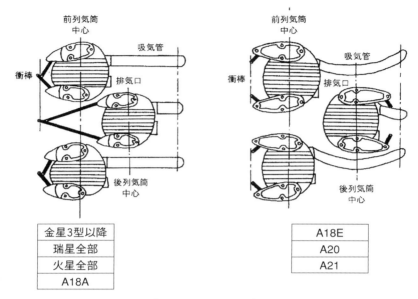

三菱エンジンのカム配列図

まとめられた。これによって弁の作動や燃焼が改善されている。

　この変更は、昭和16年4月より開発に着手されていた後述のA20型（ハ-43-11型）において既に採用となっていたカム配列の変更に倣（なら）ったものであったが、これにより18気筒化によって窮屈となっていた構造は大幅に改善され、気筒の冷却能力の向上はもちろん、保守点検の容易さを増すことにも大きく寄与していた。

　この変更によって、気筒設計が改善され、A18Eの離昇出力はA18Aの1,900馬力から2,500馬力へと大幅にアップさせることも出来ていた。カム配列変更の概要図を上図に示す。

3）要目

　　第7-1表参照のこと。

4）搭載機

a）陸軍・4式重爆撃機「飛龍」／三菱

115

本機は，陸軍の重爆撃機歴史上，最大の傑作機と呼ばれたものであり，活動期間こそ短かったが，この機に対する期待は極めて大きなものがあった。

　三菱に本機の研究が命じられたのは昭和14年12月であった。この少し前には97式重爆撃機Ⅱ型が制式機となっており，更にその後継機として中島のキ－60「呑龍」の試作も行われていたので，特に本機の完成が急がれているわけではなかった。それでも，昭和16年2月には，ようやく正式の試作指示が出されたことにより，計画作業も次第に本格化していった。

　しかし，この試作指示の内容は，最大速度こそ550km／h以上の高速が要求されてはいたものの，その行動半径は通常装備時で1,000km，特別装備時（弾量減少時）で1,500km程度のものであり，従来通りの対ソ連戦を想定した戦術爆撃を主体とするものでしかなかった。それでも，97式重爆では尾部銃が遠隔操作であったために実戦ではほとんど役に立たなかった手痛い戦訓から，本機の尾部銃は射手が直接操作するように改められていた。

　試作指示を受けた三菱では，河野文彦設計課長の指揮のもとに，小沢久之丞技師が主務者となり，東条輝雄技師らの補助をうけながら計画作業が進められていった。

　最初の予定では，昭和16年末に完成となっていたが，設計途中の計画変更や，慎重を期して設計と製作現場との間で綿密な打合せを繰り返したことなどにより，試作第1号機は予定より大分遅れて昭和17年12月になってようやく完成した。

　本機の機体外形は，同じ三菱製作の海軍向けの1式陸攻に良く似たものとなっていたが，よりスマートなものにまとめられており，前の97式重爆で問題となっ

4式重爆撃機「飛龍」

ていた縦安定を良くするために胴体を長くし，また軽快な運動性を確保するために，機体全体としては極めてコンパクトなものとされていた。

　大きな特徴としては，主翼を後方に下げ，発動機やプロペラが操縦士の視界をさえぎることの無いように配慮されていた。また，機首の爆撃席の視界を良くするために，鋼管溶接を行った特殊な枠組みを行った風防は，外部からガラスを取り付ける構造が採用されていたために，斜材の入った骨組みが外部から透けて見える全透明な機首となっていた。装備発動機には，その頃の最大出力機であったA18Aが採用されており，試作第1号機の初飛行は昭和17年12月末より各務ヶ原飛行場において開始された。

　翌18年は，増加試作機の製作を行う一方で，飛行審査と実用試験に明け暮れた一年となったが，飛行審査によって問題となったのは，性能不足，燃料消費率過大，安定性不良などであった。

　まず性能については，最高速度が要求値をはるかに下廻る510km／hに過ぎず，その主原因は発動機の公称（与圧）高度不足によることが指摘されていた。この対策として，過給器の扇車径の増大と扇車自体の空力特性の改善を行うと共に，集合排気管をロケット効果のある単排気管方式に改めた結果，2速公称高度は6,100mに上がり，最高速度も537km／hを達成して，ほぼ計画値に近いものが得られるようになった。

　燃料消費率過大の対策については，もともと発動機の水噴射用にその一部を使用する予定であった翼内タンクを，全て燃料タンクに変更する処置が採られた。この対策は応急策とも思われたものであったが，その後この問題が改めて採り上げられたことは無かったようである。

　縦安定不良については種々の対策が試みられたが，最後には昇降舵断面に膨らみを持たせる改修を行った結果，一挙に良好な結果が得られて解決することができた。

　また，飛行審査期間を通じて，尾部の細かい振動問題に悩まされ続けていたが，これも方向舵タブのフラッターであることがわかり，その防止策が実施された。

　このような種々の改善対策が打たれた後は，600km／h（計器速度）程度の急

降下を行っても，何の問題も発生しないことが確認された。

こうして約一年にわたる多くの苦労を重ねた後に完成したキ－67の高性能は，従来の陸軍爆撃機をはるかに超える素晴らしいものとなっていた。特に，その操縦性はきわめて優秀であり，ほとんど軽爆撃機以上の軽快な運動性を持つものとなっており，急降下中の増速も容易であり，下降時や急激な引き起こし時においても，機体の強度にはなんの不安も感じられなかった。こうした数々の優秀な特性は，本機が後に雷撃機や特殊防空戦闘機として使用されることにつながり，その他の特殊用途にも広く活用されることになった。

本機が本格的な量産に入ったのは昭和19年春以降であり，4式重爆として制式採用になったのは同年8月のことであった。この年には，中島の4式戦闘機「疾風」と共に，「大東亞決戦機」として最重点生産機種にも指定され，その活躍に大きな期待が集まっていた。本機は，昭和19年末の台湾沖海空戦に出動して以来，しばしば戦果をあげたといわれており，実施部隊でもきわめて信頼された機となっていた。

しかし，工場が被爆，地震，疎開などによって生産ラインが混乱したため，その増産は現地からの要望に応えるようには進んでいなかった。

終戦間近の台湾沖，比島，沖縄などの諸戦闘には少数機が参加していたが，沖縄失陥以後はアメリカ軍の本土上陸に備えて出撃を控えていたため，遂にその期待されていた真価を発揮するに至らなかったことは惜しまれる。製作機数は三菱のみで約600機となっている。

b）陸軍・キ－109試作特殊防空戦闘機／三菱

太平洋戦争の中期以降になると，アメリカ軍のB－17やB－24などの大型爆撃機の防弾設備はますます強固なものとなってきており，日本機の20mm機関砲によっても容易に撃墜することは困難となっていた。

その上，昭和18年に入ると，更に強力なB－29超重爆撃機の本土来襲も予測されるようになり，大口径火器を搭載可能な防空戦闘機の必要性が急速に高まってきていた。

キー109試作
特殊防空戦闘機

　これに適する機種の選定を急いでいた陸軍は，当時既に飛行審査を実施中であったキー67の優れた運動性能に着目し，本機を対象として対Ｂ-29爆撃機戦を想定した大口径火器搭載の可能性を検討することにした。

　昭和18年11月には，「キー109甲および乙審査試作指令」が発令されたが，この内のキー109甲はキー67を改造して，37ｍｍ上向き砲（斜銃）を装備した哨戒兼防空戦闘機であり，キー109乙は機上電波探知機および40cmクラスのサーチライトを搭載した夜間探索機となっており，この両機が協同して夜間に来襲するＢ-29にも迎撃可能とするように計画されていた。

　しかし，その後陸軍と三菱との協議において，キー109の審査担当者であった酒本少佐の発案により，Ｂ-29の防御砲火の圏外より攻撃を可能とし，しかも一発で敵機を確実に撃墜するため，地上部隊が使用している88式75mm高射砲を取り付けた試作機を製作することが決定された。

　三菱でのこの機の設計主務は，キー67と同じ小沢久之丞技師であり，高射砲搭載の強度関係の検討を担当したのは東条輝雄技師であったが，慎重な検討結果によって搭載可能という結論が得られたことにより，昭和19年1月より機首に高射砲を装備した特殊防空戦闘機としてのキー109の製作が開始された。

　この第1号機は昭和19年8月末に完成し，その後飛行射撃試験が行われたが，その結果好成績を収めたことにより，10月には追加44機を緊急に生産することが決められた。

　昭和19年11月から，サイパンを基地とするＢ-29が関東地区に来襲するように

立川キ-74爆撃機

なり，早速完成していた 2 機を使って迎撃を試みたが，敵機は8,000mないし10,000mの高々度で侵入してきていたため，この高度ではキ-109の方がむしろ低速度であり，追撃することすら不可能であることがわかった。

このため，機体重量の低減対策や，排気タービン過給器を装備させる改修などが試みられたが，いずれも決め手とはならずに，遂に所期の目的を果たすことなく終ってしまった。

なお，キ-109の実機は22機製作されていたが，後にアメリカ軍の本土上陸作戦に備えて，その上陸用船艇の攻撃用として使用することが考えられていたという。

c）陸軍・キ-74爆撃機／立川

本機は日本の陸軍機としては珍しく戦略爆撃機として計画されたものであった。

昭和14年，対ソ連戦を想定していた陸軍は，満州から出動してバイカル湖付近まで偵察可能な遠距離偵察機をキ-74として昭和16年夏までに完成させる計画を立てていた。

ところが，昭和14年末，朝日新聞社が紀元2600年の記念事業として，航続距離15,000kmを有する画期的な長距離機A-26の開発を発表したので，陸軍はこの機にキ-77の試作番号を与えて本計画に参加することを決め，本機を通じて本格的な長距離飛行に対する各種の資料を収集することにした。これにより，それまでのキ-74の作業は一時中断された。

その後，A-26の計画がまとまった段階で，昭和16年3月からキ-74の計画が再開されることになったが，この時には遠距離司令部偵察機として試作を進める

ことに計画は変更されていた。しかも，この新しい機体には，最大速度の大幅な向上や，高々度飛行を可能とするための気密室の設置などが要求されていたため，当時としてはかなり斬新な機体構造とする必要が生じていた。

その後，太平洋戦争の勃発によって，本機の計画は，単なる偵察機から遠距離爆撃機としても使用可能とするようにと再度変更され，爆弾倉を新しく装備すると共に，防御武装も強化されることになった。

こうして，計画自体に再々の変更が加えられたこともあって，最終の仕様が固まったのは昭和17年9月になってしまった。

最初，本機の装備発動機は，三菱のハ-42-21ル（A18の排気タービン過給器付）を予定していたが，これの実用化が思うように進展しなかったために，よりコンパクトなハ-43-21ル（A20の排気タービン過給器付）に変更された。

キ-74の第1号機は昭和19年の3月に完成して，早速テスト飛行が開始されたが，これにもトラブルが多発して審査は難航を極めた。

このため，発動機を直ちに換装してはという意見もあったが，一方ではハ-43-21ルの将来性に対する期待も強く，何とかこれを育成しようと努力が続けられた。

しかし，キ-74の完成が緊急を要していたこともあって，遂に試作第4号機以降に対しては，馬力は若干低下するものの，実績のあるハ-43-11ルに換装されることになった。

このハ-43-11ル装備機は昭和20年1月には完成したが，装備審査を終えて実用審査を準備中に終戦を迎えてしまい，遂に実戦に間に合わずに終ってしまった。

最初には，本機を使ってアメリカ本土を狙うことが検討されたというが，完成した時の戦局から，数十機がそろった時点で，占領されていたサイパンのB-29基地を爆撃する計画もたてられていたという。しかし，終戦時までに完成していたのは14機にとどまっていた。

5）**製作台数**

昭和15年より20年まで2,860台。

第7-1表・A18発動機目表

呼称		気筒数	気筒径	行程	気筒容積	重量	発動機直径	減速比	過給方式	燃料供給	水噴射	出力			回転数		公称高度
社内呼称	統合名称											離昇	公称		離昇	公称	
A18A	ハ-42-11	18	150	170	54.1		1370	0.5	2速	気	無	1900	1810 1610		2450	2350	1700 5400
A18E	ハ-42-21	〃	〃	〃	〃	1260	〃	0.587	排気タービン	噴	有	2500	2300 2000		2800	2500	2000 6400
〃	ハ-42-31	〃	〃	〃	〃		〃		流体接手	〃	〃	2300	2130 1750		2600	2500	1600 8300

122

8・A20発動機

1）試作経過

　昭和16年半ば頃の日本をめぐる国際情勢は，日増しに緊張の度合いを強めていた。
　5月13日には，松岡外相がソ連のモスクワにおいてスターリン書記長との間で日ソ不可侵条約の調印を行った一方で，険悪さを増していたアメリカとの関係を修復しようとした日本政府は，野村吉三郎駐米大使を通じて懸命な外交努力を続けていた。それでも，多くを知らされていない国民の間にも，近い将来に重大な転換が行われるのではないかと感じられ，不安と緊張に包まれた重苦しい空気が漂っていた。
　こうした時勢を反映して，三菱の発動機生産量は急上昇を続けており，昭和14年度2,154台，15年度3,281台，16年度4,594台と大幅な増加を示していた。この生産されていた機種の中心は，「金星」，「瑞星」と「火星」の各型となっていたが，これに続く新しい大馬力発動機が早急に必要になってくることは，誰もが予感していたところであった。こうした時，昭和16年4月頃，「金星」シリーズの産みの親でもあった深尾名古屋発動機製作所長が，突然「金星」をベースとして，これを18気筒化して，2,000馬力を超える新発動機の開発を至急開始せよとの指示を部下に下してきた。
　この指示がA20発動機の開発着手の発端となったのであるが，この頃三菱では既に昭和14年8月に初号機を完成させた2,000馬力クラスのA18発動機があった。それなのに，何故この新発動機の開発の指示を深尾は行ったのか。
　この背景についてはやや定かでない点が残っている。しかし，このA20の開発取纏者(とりまとめしゃ)であった佐々木一夫氏にこの経緯について，かつて直接伺ったことがあった。
　「自分にも良くわかりませんが，恐らく深尾さんは，海軍の親しくされていた方から，海軍が中島と組んで小型大馬力の「誉」発動機の開発を進めていることを聞かれて，三菱でもこれに対抗するものを早急やらねばならぬと思われたのではないでしょうか」

（側面）

（前面）
A20A発動機

という答えであった。

この対抗機種となった「誉」発動機は，中島の中川良一技師らによって，昭和15年末にはその基本構想をほぼ固められたものであり，「零戦」にも装備されて同社の看板発動機となっていた14気筒の「栄」発動機をベースとして，これを18気筒化し，主として戦闘機用を狙った小型大出力の新発動機であった。

これより先の6月には，この中島が計画している新発動機構想に強い関心を持った空技廠長の和田操中将は自ら中島の荻窪工場に赴き，この新発動機の内容について詳しく聴取し，その結果，空技廠としてもこの開発に全面的に協力することを約束した経緯もあった。

いずれにせよ，この中島の新発動機が計画された当時には，これに匹敵する小型，大出力の発動機は，世界の何処にも見当たらないと言われた程の魅力ある計画と思われていた。

この「誉」に対抗して深尾所長が狙った新発動機の基本構想は，「金星」の気筒寸法を用いてこれを18気筒化し，最大出力2,000馬力以上で，総重量約1,000kg以下を狙って，世界の最高水準をゆく新発動機を実現させようとしたものであった。

この新発動機の開発作業は，深尾所長直接の指揮の下に，稲生光吉技術部長，小室俊夫設計課長，酒光義一主務らが参画し，佐々木一夫技師がこの作業全体の

取纏め幹事となって推進することになった。

　早速，佐々木技師によってまとめられた基本構想は，

　1・馬力当たりの重量を世界一軽いものとする。

　2・馬力当たりの前面面積も世界一小さいものとする。

　3・世界一の高い信頼性を持たせる。

　4・最高出力は2,200馬力とする

　5・高々度性能も世界一を狙う。

というものであり，いずれの項目についても世界一という表現が使われていたが，その実現のためには並々ならぬ努力と工夫を必要とすることは明白であった。

　しかも，この頃になると，すでに良質の燃料は不足していて，せいぜい91オクタン価程度までのものしか使用できず，更に使用材料の面でも高級の耐熱材料の入手は次第に困難となってきていた。従って，すべての環境条件が次第に悪化していく状況の中での苦しい開発のスタートとなったのであった。

　2,000馬力クラスの大出力の発動機については，前にA18発動機での経験があったとはいえ，それとは比較にならぬ高度の基本性能を達成しなければならぬA20発動機を，昭和16年度内に完成せよとの深尾所長からのきびしい命令も下り，この達成のための各構成部分の担当技術者も次のように決められた。

　即ち，主機部分の設計は佐々木一夫，過給器及び補機装置は井上一男，角田鼎，加太光邦，減速装置は黒川勝三，冷却装置は麻生重太，燃料噴射ポンプは杉原周一、排気タービン過給器は中野信らの各技師であった。

　この設計作業は苦しい日程ではあったが，全員の努力により昭和16年10月下旬には主要部分の図面の殆どが出図を終り，待望の試作第1号機が工場内で組立を完了したのは，シンガポール陥落が伝えられた翌17年の2月半ばのことであった。

　この第1号機の試運転に必要な設備の整備や，試運転用台の補強，改修などは，試作工場の熊谷直孝技師の指揮によって予め手落ち無く進められていたこともあり，組立完了から数日後には，いよいよ待望の試運転を開始することができた。

　この試運転が進み，社内の誰もが経験したことのない2,000馬力を越す最高出力域での確認運転が始まると，予想を越える発動機轟音の物凄さには，立会った

関係者全員が身震いするほどのものがあったという。

この試運転時に起こった主なトラブルは、低質燃料を使用したことによるピストンの焼付と、クランク主軸受の焼損などであったが、この対策としては、ピストン構造と冷却法の改善を行い、主軸受については使用ケルメットの材質と組織の変更を行うなどして一応の成果をあげることができていた。

その後、高空試験も無事に終わり、まとめられた試験結果は直ちに整理されて、陸軍航空技術研究所と海軍空技廠に提出されたが、その成果は高い評価を受け、更に耐久運転を続けるようにとの指示を受けることができた。

この三菱での試作発動機の工場試運転が行われていた最中の4月には、「零戦」の次期艦上戦闘機である17試艦戦「烈風」の試作が本格的に始動していた。

この時、設計主務者であった堀越技師は、アメリカに比べて国力及び開発力の劣るわが国としては、この17試艦戦においては、いたずらに量に重点を置くことなく、質でひけを取ることの無い高性能の優秀機を、特に念入りに設計することが肝心であるとの考えであった。

この方針の下に、本機に要求されている盛り沢山の要求仕様に応えるために、堀越技師は当時候補になると考えられた中島の「誉」と自社のA20発動機の二つの中から、出力に余裕のある後者を選んで第1次の試案を作成し、4月14日に空技廠で開催された第1次の小委員会に提出して、その内容の説明を行った。

ところが、海軍の航空本部の機体担当側からは、中島の「誉」を強く推奨する

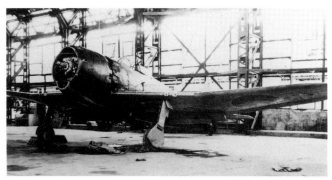

17試艦上戦闘機
「烈風」

反対意見が出され，更に，「零戦」の値よりも大きくしていた機体の翼面荷重についても三菱の150kg／m²案を容易には受け入れなかった。この思わぬ反対論の噴出が，本機の迷走の始まりとなってしまったのである。

当時緒戦の勝利に酔っていたとはいえ，用兵側が，将来の技術動向も考慮してメーカーが慎重に計画していた本機の基本仕様に種々の口出しをしてきたのは，明らかに行き過ぎであったと言わざるを得ないものであった。

その後数回開かれた官民合同研究会においても，三菱側は最後までA20搭載の必要性を強く主張しつづけたが，結局9月には，やや強引ともいえる結論が出された。より小型で大出力が得られるという理由の下に，「誉」搭載案が最終的に決定され，翼面荷重についても，第1案130kg／m²，第2案150kg／m²とすることで決着がつけられてしまったのである。

ここで，選定が難航した両発動機の体質の相違について若干触れることにしたい。

この両発動機は，共に小型，軽量の大出力発動機の完成を狙った点では共通していたが，その体質においては，特に気筒容積と回転数に基本的に相違があったのである。

両発動機の要目の比較を第8－2表にしめしているが，先ず気筒総容積は，「誉」は35.8リットルで，A20では41.6リットルであり，20％近い相違があった。これは両者のベースとなった発動機が，「栄」と「金星」であったことによるものであり，「栄」は三菱では，「金星」より小型の「瑞星」発動機に相当するものであった。従って，A20はもともと「誉」よりも大出力を出しうる体質を持った，より大型の発動機であったことになる。

ほぼ同じ気筒総容積で，似たような出力を有する二つの発動機を比較するのであれば，その寸法の小さい方が，より戦闘機用として好ましいことは分かるが，この場合はもともと出力の異なる体質を持つ両者を比較して，その得失を直接論じようとしたので余り意味が無かったのではないかと思われる。

次の回転数については，「誉」の最大回転数は3,000回転／分であり，A20は2,900回転／分となっている。

この差は一見小さいものに見られるが，主クランク軸受にかかる荷重は回転数の二乗に比例して大きくなり，これほどの高回転を採用した発動機になると，この値自体の大小が発動機の信頼性に大きな影響を持つものとなる。

　先行していたアメリカのプラット社やライト社の2,000馬力クラスの対応発動機が，この回転数を2,600ないし2,700回転／分程度に抑えて，無理な値を採っていないことを見ても，小型，軽量を徹底的に追求するためとはいえ，日本側の高回転数採用は背伸びしすぎていた感は免れないと思う。このことは，程度の差こそあれ，日本の両発動機が，共に主軸受のトラブル解決に悩まされていたことからも明白であると思う。A20の場合でも，工場試運転の段階では3,000回転／分の運転も試みてはみたものの，この回転では無理ということで2,900回転／分に抑えられたともいわれている。

　さらに主軸受のケルメット材質組織については，三菱では樹枝状組織，粒状組織，網状組織のものなどの比較研究を行っており，果てには純銀組織までが試験されたというが，結局強度の面も考慮して網状組織とすることで決着がつけられた。

　以上述べた問題点を含めて，三菱にとっては初めて取り組んだ2,000馬力クラスの新発動機は画期的であっただけに，予期以上のトラブルの発生に悩まされ続けたが，関係者たちの根気良い日夜を分かたぬ努力がようやく報われ

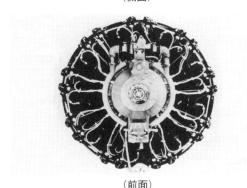

（側面）

（前面）

中島「誉」21型発動機

て，海軍の審査運転に合格したのは，昭和18年の6月頃であった。ふり返れば開発作業開始より既に2年以上という長い時間が経過していたのであった。

　こうして，長い苦闘の末にやっと認知されたA20ではあったが，既に「烈風」には「誉」の採用が決定していたために，他の試作中の機に活路を求める以外に道は残されていなかった。終戦までにA20の搭載を予定されていた試作機には，海軍の「烈風改」，九州飛行機の局戦「震電」，陸軍の立川キ－70双発司偵，立川キ－74双発遠距離偵察，爆撃機，三菱キ－83双発遠距離戦闘機，三菱キ－95双発司偵などがあったが，いずれも実戦には間に合っていない。

　その一方で，昭和19年4月になってやっと完成した「誉」搭載のA7M1は，5月早々より鈴鹿飛行場において試験飛行を開始したが，従来に無い大型戦闘機であったにもかかわらず優れた操縦性能を示した。しかし，肝心の最大速度は300Kt（555km／h）程度に過ぎず，上昇性能にいたっては高度6,000mまでに10分以上を要するという惨澹たるものであり，一時は試作打ち切りの声までが叫ばれるようになっていた。

　堀越技師らは，本機の上昇性能が特に劣悪なのは，当初から懸念していた「誉」発動機の出力が大幅に不足しているのではないかという疑念を抱き，「誉」の一台を名古屋発動機製作所内に持ち込んで，その出力のベンチテストを行った。その結果は，案の定，海軍が保証していた出力を実に25％近くも下回っていることが判明した。

　昭和19年7月末の官民合同会議において，堀越技師らの三菱側は，A7M1の性能不足は「誉」の出力不足が主原因であり，この際搭載発動機を三菱のA20に換装して試験飛行を継続したいと強く主張した。しかし，ここでも海軍側は何故か三菱側の理の通った主張を素直に認めようとはしなかった。それでも，最後には和田空技廠長の熱心な支持斡旋によって，次の局戦「烈風改」の計画資料を得るという名目により，しかも三菱自身でそのリスクの全て負うという形で，既にの完成していたA7M1の8機の内の2機のみに対して，A20への換装が許された。この時点でも，「烈風」はまだ私生児扱いでしかなく，その立場は依然として苦しいものであった。

それでも，三菱社内関係者たちの熱心な協力によって，A7M1の6号機にA20を装備させたA7M2を9月末に工場完成させることができ，10月13日には鈴鹿飛行場に空輸することができた。

　10月末までに行われた試験飛行の結果では，6,000mまでの上昇時間は6分15秒となり，最大速度も高度5,630mにおいて333kt（617km／h）という素晴らしいものであり，ほぼ初期の計画仕様を達成していることがはっきりした。しかも，空戦性能，操縦性能も抜群であることも確認された。

　本機が示した高性能に改めて着目した海軍空技廠から，昭和19年12月初めに本機を至急領収したいという電報が三菱に届き，「烈風」に対する評価は，この時点において一変して高いものに変わった。

　こうした結果もあって，三菱でのA20の本格的増産が計画され，11月頃には，月産300台ベースで生産されていた「金星」発動機を逐次新設されていた静岡工場に移し，大幸工場をA20の量産専門工場に転換させるという計画も決められた。

　この計画は，設計より転籍して組立工場長となっていた佐々木一夫技師らの懸命な努力によって順調に進み，当面月産200台とする計画も立てられていたが，12月13日のB－29による激しい初空襲により工場が甚大な被害をこうむったことにより，それまでの計画は全て頓挫してしまった。その後も相次ぐ空襲や，工場疎開の進行により，発動機生産量は日々細る一方となったままで終戦を迎えてしまったのである。

2）構造の特徴

　A20は実績の多い「金星」発動機をベースとして，本格的な軽量，大出力の新発動機として計画されていただけに多くの新技術が採り入れられていた。

　特に，A18発動機の所でも触れたが，本機のカム配列が従来の「金星」系列が前後気筒用を共に前方に集めていたものを，前後分離型に変更した最初のものであった。この変更は，その後のA18E，A21などの発動機に対して順次適用されていっている。

　この機では，その最大回転数は2,900回転／分にまでアップされており，それ

開発編―第2章・空冷式発動機

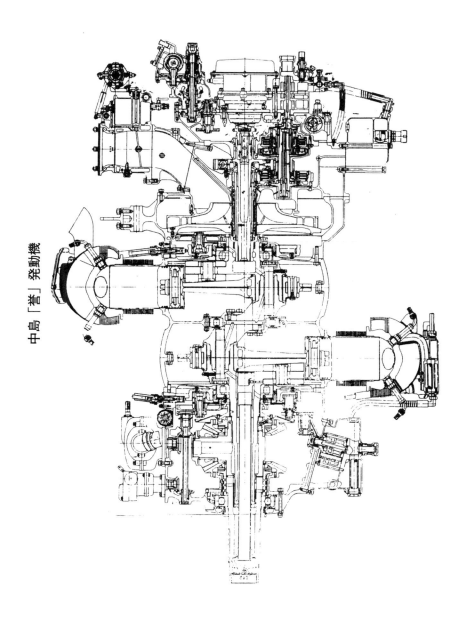

中島「誉」発動機

までは「瑞星」の2,700回転／分が最高となっていた。

また，気筒冷却用ファンが標準装備となっており，排気タービン過給器装備のものも計画されていた。

3）要目
第8－1表を参照のこと。

4）搭載機
a）海軍・17試艦上戦闘機「烈風」／三菱

既に前項でも，その概要を述べているが，本機は海軍最後の制式艦上戦闘機であり，不運な経緯により，優秀な性能を秘めながらも，遂に実戦の空に現れないまま消滅してしまっている。

昭和16年末，海軍から試作内示を受けたが，当時三菱の戦闘機設計陣は「零戦」の改造，および「雷電」の計画に忙殺されていたことと，本機に搭載するに適当な発動機が見当たらなかったことから延び延びとなってしまっていた。しかし，太平洋戦争勃発の翌年の昭和17年4月より17試艦戦として計画が再開された。

ところが，4月14日に開かれた第1次小研究会において，その基本性能確定のために重要な搭載発動機及び翼面加重を巡って，海軍と三菱の意見が対立して紛糾が続いた。しかし，9月には三菱が押していたA20に代わって中島の「誉」発動機の採用と，小翼面荷重案（第1案130kg／m^2，第2案150kg／m^2）が，海軍側からの強行採決の形で押し切られてしまった。

種々の障害により遅延していた試作第1号機のJ7M1は，昭和19年4月に完成し，5月より鈴鹿飛行場においてテスト飛行を開始した。

その後の経緯は，既に前項で述べた通りであるが，この頃の日本戦闘機で，最大速度が600km／hを確実に超えるものは，海軍の「雷電」33型と，陸軍の「疾風」以外になく，また6,000mまで7分以内で上昇できるのは「雷電」各型のみであった。

この成果を改めて評価した海軍は，昭和20年2月には「烈風」を領収し，最重

点機種として量産することを決めた。

　この機のテストパイロットを終始つとめた小福田少佐は，特にこの機が示していた高性能を評価しており，

　「本機は現在戦力化し得る飛行機の中で最も優秀なものであり，本機の量産ができれば，「零戦」の再来として大きな期待ができる」

とまで激賞していた。

　昭和20年6月には，烈風11型として制式機採用も決まり，重点機種としてその生産に拍車がかけられていたが，相次ぐ空襲の被害の増大や工場疎開の進行により，機体，発動機共に生産は一向に進まなかった。終戦時には，ようやく生産第1号機が完成間際となっていたが，これも工場近くの海中に投棄されてしまった。

　かくて，次々に起こる不運や障害に翻弄され続けた本機は，あたら優秀な素質を持ちながらも，最後まで戦運に恵まれず，終戦後に1機がアメリカ軍に引き渡されていたと言うが，その機の所在は現在までも不明のままとなっており，文字通りの「幻の名機」となってしまっている。

　なお，本機にはA7M3およびA7M3－Jなどの後続試作機の計画があったが，いずれも計画のみに終わっている。

　b）陸軍・キ－83試作遠距離戦闘機／三菱

　昭和16年3月，陸軍は三菱に対して本機の試作を命じてきた。その主な計画仕様は，常用高度5,000～8,000m，行動半径1,500km，最大速度650km以上／h／高度5,500m，乗員2名などとなっていた。

　三菱では，100式司偵を計画した久保富夫技師を主務者とし，東条輝雄，杉山三二，水野晴明技師らを配して作業を開始した。

　最初は，主翼面積40m^{3}のものが計画され，昭和17年4月に実大模型が製作された。しかし，戦闘機操縦者側から，より小型で，軽快性，探敵視界を重視するものとする必要性があるとの意見が出されて，主翼面積を34m^{2}程度にした小型機に変更することになった。その後も，種々の案が検討されたが，最終的には，双発複座機として速度を最優先とし，同乗席は特別の場合にのみ使用する狭いものと

することが決まり，昭和18年7月には新しい仕様が示されてきた。

これによると，最大速度は高度10,000mにおいて800km／h以上とする超高速が要求されており，将来には司令部偵察機や襲撃機としても使用する計画があることも示されていた。更に，昭和18年には，本機をB－29爆撃機迎撃用に使用するために排気ガスタービン過給器を装備させることと，武装の強化が追加されてきた。

こうして途中多くの仕様変更があったが，最終的にまとめられた機体は，随所に前の100式司偵の優美な面影を残したスマートな双発中翼機となっていた。

試作第1号機は，予定より遅れて昭和19年10月に完成し，11月より試験飛行が開始されたが，本機は200kg／m²半ば以上という高翼面荷重であったにもかかわらず，優秀な操縦性を有していることがわかった。

社内テストにおいては，まだ1速，2速共に全開高度のテスト飛行は実施されていなかったが，高度5,000mにおいて655km／hの速度が得られており，予定通りの高性能が得られる見通しがついていた。

この高性能によって将来の活躍が期待されていた本機ではあったが，その生産は意の如く進まず，終戦までにわずか4機が完成したに止まった。その内の3機は事故や被爆によって失われており，終戦時に残っていた第1号機も戦後アメリカ軍に引き渡されてしまった。

この機は，アメリカにおける高オクタン価の燃料を使用したテスト結果では，高度7,000mにおいて762km／hという日本戦闘機としては最高の速度記録を発揮したという記録が残っている。

キ－83試作遠距離戦闘機

完成するまでに比較的長い時間がかかってはいたが、実戦に使用されていれば、その時点でも十分に通用する優秀機となっていたと思われる機であった。

c）陸軍・キ-74爆撃機／立川

A18の項を参照のこと。

d）海軍・18試局地戦闘機「震電」／九州飛行機

本機は海軍空技廠の鶴野正敬大尉の提案によるものであり、先尾翼式（エンテ型）という日本機には珍しい機体形状を持っていた。この形状は、前面抵抗を少なくすることができ、プロペラ効率を向上させ得ると共に失速特性も優秀であり、高速を得るのに望ましい機体形状であるとされていた。しかし、外国機を含めて幾つかの類似機の試作が行われたことがあったが、いずれも成功していなかった。

鶴野大尉も、この計画を進める以前の昭和18年には、小型エンジン装備の先尾翼式グライダーを製作してその特性の確認を行って、慎重を期していた。

予備テストを含む種々の事前調査の後に、本機の試作が本決まりとなったのは昭和19年5月であり、その製作は福岡市近郊にあった九州飛行機に委託された。

主な計画仕様は、最大速度741km／h以上／高度8,700m、上昇力10,000mまで10.5分以内、実用上昇限度12,000m以上というものであり、武装も30mm砲4門という強力なものとなっていた。

装備発動機にはA20のMK9D（強制冷却ファン付、延長軸）が採用され、主翼の前縁には20度の後退角が付けられており、層流翼が採用されていた。左右翼の後縁には方向舵を付けた側翼が取り付けられていて、機体全体としても非常に良くまとめられた優美なものとなっていた。

後には、ジェット・エンジンに換装する計画もあったというが、いかにもそれにふさわしい機体形状を持っていた。

この試作第1号機は、終戦直前の8月3日、蓆田陸軍飛行場（現在の福岡空港）において初飛行に成功した。この時は、脚出しのままの飛行であったが、一部の博多市民の目にとまり、まるで前後が逆さまになったような異様な姿で低空を飛

空技廠18試局地戦闘機「震電」

行する本機に,驚きの目をみはったといわれる。このテスト飛行は,引き続き6日と9日の両日にも行われ,総飛行時間は約45分であったというが,その直後の終戦によって本格的な性能確認には至らなかったのが惜しまれる。

5) **製作台数**

昭和16年より20年まで77台。

第8-1表・A20発動機要目

社内呼称	呼称		気筒数	気筒径	行程	気筒容積	重量	発動機直径	減速比	過給方式	燃料供給	水噴射	出力		回転数		公称高度
	社内呼称	統合名称											離昇	公称	離昇	公称	
A20	MK9A	ハ-43-01	18	140	150	41.55	960	1230	0.472	2速	噴	有	2200	2020 / 1800	2900	2800 / 2800	1100 / 5000
	MK9D改(推進用)	ハ-43-11ル	〃	〃	〃	〃	〃	〃	〃	+排タ	〃	〃	〃	1930 / 1720	〃	2800 / 2800	5000 / 9500
		ハ-43-42	〃	〃	〃	〃	〃	〃	〃	〃	〃	〃	2030	1850 / 1600	2900	2800 / 2800	2000 / 8400

第8-2表・A20と「誉」の比較表

エンジン名称	気筒数	気筒径	行程	気筒容積	重量	発動機直径	減速比	過給方式	燃料供給	水噴射	出力		回転数		公称高度	気筒容積当りの馬力
											離昇	公称	離昇	公称		
三菱 MK9A (A20)	18	140	150	41.55	960	1230	0.472	2速	噴	有	2200	2020 / 1800	2900	2800 / 2800	1100 / 5000	52.9
中島 MK9H (誉21型)	〃	130	150	35.8	835	1180	0.500	〃	〃	〃	2000	1860 / 1620	3000	2900 / 2900	1750 / 6100	55.9

9・A19,A21発動機

1）試作経過

昭和59年11月，羽田のモノレール「整備場駅」の脇にあった全日空モーターサービス会社の敷地内から，無残に腐食した22気筒の大型星型空冷式発動機の残骸が1台，土中から偶然にも発掘されたが，これはその後の調査によって，三菱が終戦直前に製作したA21（ハ－50）発動機であることが判明した。

この発動機は，中島飛行機株式会社の創立者であった中島知久平氏の発案によって計画されたアメリカ本土爆撃用の超大型爆撃機「富嶽」に搭載が検討されたこともある3,000馬力クラスの大馬力発動機であった。

三菱では，このクラスの発動機としては，かねてより4列28気筒空冷式のA19（ハ－108）を計画し，その部品の一部も試作中であったが，これをまとめるには，特にその気筒の冷却や支持方法などに多くの技術的困難が感じられていた。

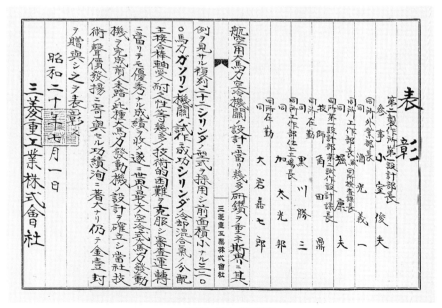

A21開発に対する表彰状

A21発動機発掘直後

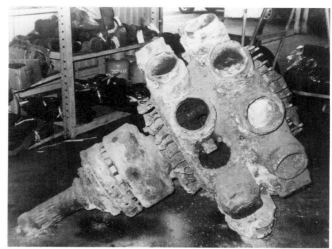

成田の航空科学博物館保存

ところが，昭和18年の春，陸軍の航空技術研究所長の繪野澤静一中将が三菱の大幸工場において技術打合せを行っている際に，加太光邦技師らがその席に呼び出されて，

「陸軍が計画中の大型爆撃機用として3,000馬力クラスの大馬力発動機の開発が急がれている。現在，三菱が検討中という4列28気筒（A19）は構造が複雑であり，未知の検討項目も多く，玉成に時間がかかると思われる。従って，目下好

成績を収めつつあるA18発動機の18気筒をベースとして，これを2列，22気筒にした形式（後のA21）にした方がよいと考えるので，至急完成させてもらいたい」
という趣旨の指示があった。

これに応じて，三菱では早速開発チームを結成し，主機は大岩嘉七郎，減速装置は黒川勝三，補機装置は加太光邦，過給器は角田鼎，燃料噴射ポンプは杉原周一の各技師らを担当者として昭和18年4月に作業を開始し，翌19年5月には，早くも第1号試作機を完成させることができた。

組み上がった試作発動機は，大幸工場の東北端の矢田川沿いにあった大型防音装置室に持ち込まれて試運転が開始された。この運転を指揮したのは熊谷直孝技師であり，蓬田甚吉技師らも協力していた。

かつて無い大出力の新規発動機であったにもかかわらず，A21の運転は極めて順調に進行し，その最大出力は，昭和20年7月付の社内表彰状にも見られる通り，3,200馬力にも達していた。

後に，担当された加太氏は，この運転の最中に，重い大きな整備台がムリネ（運転用プロペラ）に吸い寄せられて接触し，発動機が停止してしまうトラブルがあったことを懐かしそうに話しておられたことがあったが，如何にこの発動機が，それまでのものと違った桁違いの大きさであったかが想像される。

運転を終了した本発動機は，昭和19年12月には陸軍の審査も終了していたが，続いて完成していた第2，3号機は共に爆撃によって破損し，その代品を製作中に終戦となってしまった。

このA21発動機が，如何なる経緯で羽田の土中に埋もれていたかは大きな謎であるが，あえて推定を試みると，

『終戦後，アメリカ軍は性能の評価や戦利品の国内展示を目的として，多くの日本の陸海軍機や発動機を押収して，本国に持ち帰っているのは良く知られていることで，アメリカ軍は機体を140機，発動機も40台以上を本国に送り，イギリス軍も10機以上を送ったといわれている。アメリカ軍は，これらの機体，発動機を本国に送る前に，一旦横須賀に集積していたが，このA21と日立のハ-51は共に恐らく手違いで羽田に送られ，それが何らかの事情によって飛行場の拡張の

際に，ブルドーザーの下敷きになってしまったのではないか』となろうか。

　推定の根拠は，このA21（ハ－50）と前後して試作された日立航空機の22気筒ハ－51の処置があるからで，同社ではこのエンジン一台を提出するよう命ぜられ羽田飛行場の一角で米軍に引き渡した旨の証言にもとづく（但し，このエンジンは未だに不明のままである）。

　いずれにせよ，日本では3,000馬力クラスの発動機を装備した軍用機は，遂に1機も実現することなく終ってしまっており，折角完成していたこの発動機も主を見いだせないままに終っている。

2）要目
第9－1表を参照のこと。

3）製作台数
昭和19年より20年まで3台。

第9-1表 ・ A19, A21発動機要目表

発動機名称		気筒数	気筒径	行程	気筒容積	重量	発動機直径	減速比	過給方式	燃料供給	水噴射	出力			回転数		公称高度
社内呼称	ハ番号											離昇	公称		離昇	公称	
A19		28	140	160	69.0		1300					3000	2200				6000
A21	ハ—50	22	150	170	66.1	1540	1500	0.412	2速+排タ	噴	有	3100	2700 2240		2600	2500 〃	1500 10000

注: A-19発動機は計画のみ。

10・その他の航空用原動機

10-1) ディーゼル発動機

　三菱での航空用ディーゼル発動機への取組については，比較的古くから始まっていた。昭和6年には成田豊二技師が担当して，アメリカのパッカード社の吸・排気1弁式の空冷式星型4サイクル，9気筒，300馬力の試作を行っていた。その後，東大航空研究所との協力により，シリンダー孔給気，頭上弁排気式の単シリンダー試験機を製作し，成田，松見信幸の両技師によって研究が続けられていた。

　一方，陸軍は，昭和6年から10年にかけて，三菱社内でも「お化け飛行機」と呼ばれていた4発の92式超重爆撃機を6機製作していたが，この第5，6号機にはユンカース社のユモ4型ディーゼル発動機が搭載されていた。この発動機の主要目は，

　1・形式　　　　　2サイクル対向ピストン式の水冷式ディーゼル発動機
　2・気筒数　　　　6（直列）
　3・気筒寸法　　　行程110mm×2，気筒径120mm
　4・回転数　　　　1,700回転／分
　5・出力　　　　　750馬力（地上）
　6・重量　　　　　800kg
　7・減速比　　　　0.884
　8・使用燃料　　　高速ディーゼル用軽油

となっていた。

　三菱では，このユモ4型を自社で整備し，試運転を実施した後に実機に搭載していた。この後，昭和11年には，陸軍より将来の研究用としてユモ4型を三菱で国産化することを命じられた。

　このエンジンは，三菱社内呼称D3（陸軍呼称はハ-22）と呼ばれたもので，当時の深尾部長の構想により主軸受を原型のローラー軸受からケルメット軸受に変更するなどの，各部に三菱独自の改良を加えながら，昭和12年夏に完成し，同

年中に陸軍の公式耐久運転を終了した。

その後，海軍もユモ5型ディーゼルを搭載した連絡用偵察機を購入して，各種の調査と試験を行ったが，三菱はこれにも協力している。

元来，ディーゼル機関は，燃料が安価で入手しやすく，燃料消費率も少なく，また火災発生の危険も少ないなどの利点を持っている反面，その頃急激な技術進歩をとげていたガソリン機関に比べて，出力あたりの重量が大きいことが最大の欠点とされていた。

三菱では，各種の航空用ディーゼル発動機を比較検討した結果，2サイクル対向ピストン型，水冷式のものが燃焼面と掃気面から最も大出力が得られやすいと考え，昭和13年からこの形式の単筒試験を開始し，昭和17年頃まで種々の研究成果を得ていた。

特に深尾部長は，将来の遠距離用大型航空機では，ディーゼル機関の利点が着目される時期が来るのではないかとの考えを持っており，持田技師らにこの研究を続けるよう命じていたのであった。

太平洋戦争の戦局が押し詰まってきていた昭和18年，陸軍と海軍より，当時満州で石炭の液化によって得られたフィッシャー油の大量生産が見込まれるようになったことから，これを利用する長距離爆撃機用のディーゼル発動機の開発が三菱に対して指示されてきた。

この頃，大出力ディーゼル機関としては，ドイツ・ユンカース社では対向ピストン型を四角に配列したものを，またイギリスのロールス・ロイス社では船用として三角に配置したものが考えられていたが，三菱では8気筒直列型を並列とした形式（H型配列）の構想をまとめ，同年末から設計に入った。その要目は次のようになっていた。

1・形式　　2サイクル対向ピストン式ディーゼル，水冷，排気タービン過給器付
2・気筒数　16（8気筒並列型，4クランク軸）
3・気筒寸法　行程170mm×2，気筒径110mm

4・出力　　　離昇3,000馬力／3,000回転／分
5・公称出力　2,700馬力／2,800回転／分
6・常用出力　2,400馬力／2,500回転／分
7・重量　　　1,800kg
8・使用燃料　離昇時：セタン価80以上、その他はセタン価50以上
　　　　　　凝固点：マイナス40℃以上

　本試作機関の略称は，海軍では三菱研5号，陸軍ではハ－300であり、三菱社内ではＤ4－Ａと呼ばれていたが、後に陸海軍統合名称としてハ－80が使われていた。
　この試作計画では，差し当たり，2,200馬力までの性能と実用性を確認することとし，その後に出力の向上を図っていくことになっていた。
　試作作業は，三菱，海軍空技廠，石川島航空工業の3者の合作によって鋭意進行中であったが，昭和17年に至って，戦局の悪化から緊急を要しない研究とみなされて中止されてしまった。

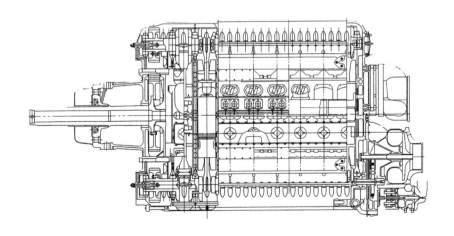

D4-A 3000馬力発動機断面図

この後，三菱のディーゼル研究の担当者たちは，薬液ロケットの研究に従事することになる。

10-2）薬液ロケット・エンジン

　太平洋戦争の戦局がますます緊迫化してきた昭和19年4月16日，ドイツ駐在武官であった巖谷英一技術中佐は，ドイツ航空省より受領したMe-262ジェット戦闘機とMe-163Bロケット戦闘機の資料を伊号第29潜水艦に積み込み，喜望峰，インド洋を廻り，約3ヵ月にわたった苦難の航海の末に，7月14日にシンガポール軍港にようやく入港することができた。

　その後，特に緊急を要する資料のみを携行した巖谷技術中佐は，7月19日には

三菱で復元されたロケット戦闘機「秋水」のエンジン

ロケット戦闘機「秋水」

空路により羽田に帰着し，直ちに海軍空技廠において開かれていた和田空技廠長主催の会議に臨んだ。

　この会議では，ジェット戦闘機とロケット戦闘機開発の緊急性が検討され，特にロケット戦闘機に対しては一部に懸念する声もあったが，最後には和田空技廠長の決断によって両者共に積極的に開発を進めることが決議された。

　この時の最大の問題点は，これまで全く経験の無かったロケット・エンジンの開発をいかに進めるかと，短時間に膨大に消費されるロケット燃料を確保する方策であった。

　ロケット燃料となる薬液には，T液（酸化液）とC液（燃料液）の両液があった。

　T液（日本では甲液と呼ばれていた）は，80％濃度の過酸化水素溶液で，これに安定剤として少量の8オキシノリンまたはピロ燐酸ソーダを混入したもので，比重は1.36であった。この液は，有機物，鉄錆，銅，鉛などに接触すると直ちに分解して発熱し，これが進むと火災または爆発の危険があった。また人体に付着すると皮膚に火傷のような症状を呈するという，保管，取扱いには極度の配慮が必要とされるものであった。

　一方のC液（乙液）は，水化ヒドラジン30％，メタノール57％，水13％の溶液に，銅シアン化カリを1リットルにつき2.5ｇ混入したものであった。この内，水化ヒドラジンはT液と反応する時にT液の分解を促進すると共に，一部は熱エネルギーを供給し，メタノールは専ら燃料としてのエネルギーの発生源であった。水は燃焼の温度を和らげる役目を果しており，銅シアン化カリは反応の促進に効果を持っていた。このC液の比重は0.87であって，人体には多少の害を及ぼす懸念があるので，その取扱にはやや注意を要するものであった。

　この計画には日頃不仲であった陸海軍が珍しくも協同して取組むことになり，機体は海軍主導，エンジンは陸軍主導とされ，実務は三菱の機体およびエンジン部門が主体となって担当することが決められた。

　これを受けた三菱では，8月早々には河野技術部長の指揮の下に，高橋巳治郎課長を主務者として機体の設計を開始し，エンジン関係は名古屋発動機研究所の稲生光吉所長と成田豊二研究課長の下に，持田勇吉係長らが開発作業を担当する

ことになった。

　乏しい資料による制約はあったが，関係者の努力によりエンジンの主要部分の設計はわずか1ヵ月程度で終り，10月からは試験が開始できるようになった。

　このロケット燃焼試験は，名古屋発動機研究所と並行して，既にこの種の試験に経験のあった三菱長崎兵器研究所でも行われていた。しかし，肝心の心臓部である小型，高速の薬液ポンプの不調によって，すぐに試験は停滞気味となった。

　これを憂慮した海軍空技廠の担当者であった藤平右近技術少佐は，九州帝国大学を訪ね，葛西泰二郎教授に難航しているポンプの改善に協力を依頼して快諾を得ることができた。この措置によって種々の改善が行われた結果，昭和19年終り頃になると一応の燃焼試験を行うことができるようになった。

　しかし，比較的順調に進んでいた機体関係に比較すると，エンジン部分の進行は各種のトラブルの続出によって，その後難航を極めるようになってきた。その上，昭和19年12月13日にはB－29による名古屋地区への初の空襲により大幸工場が大被害を被り，ここでの試験継続が困難となってしまった。

　このため，関係者は12月中旬以降は，横須賀の空技廠内の試験場に移転して作業を継続することになった。これが名古屋地区からの疎開第1号となった。

　その後，慌ただしかった昭和20年の新年も過ぎた1月終りには，一応の全力燃焼試験に成功することができたが，その性能値や安全性確保については，なお多くの問題点が残されていた。

　この特ロ2号と呼ばれていたロケット・エンジンの要目は次のようなものであった。

　　1・全長　　　　　2,520mm
　　2・全幅　　　　　約900mm
　　3・全高　　　　　約600mm
　　4・全重量　　　　177kg
　　5・最大推力　　　1,500kg
　　6・最小推力　　　100kg

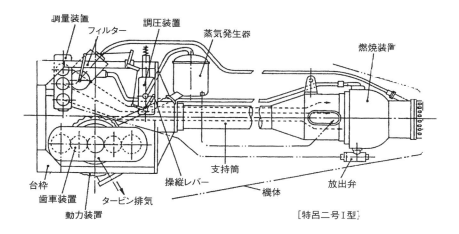

特ロ2号ロケット・エンジン配置図

　7・ポンプ回転数　　　　14,500rpm

　こうしたエンジン部の開発が難航している最中にあっても，ロケット戦闘機を運用する軍側の体制は，昭和19年2月の海軍の柴田武雄大佐を司令とする第312航空隊の結成などにより並行的に着々と進められていた。

　昭和19年半ば以降になると，戦局はますます逼迫し，猛威を振るうB-29の猛爆は大都市から地方の中小の都市にまで及び，6月終わりには熾烈な持久戦を展開していた沖縄の戦いも終結し，戦局は急速に断末魔の様相を呈してきた。

　こうした中，7月7日の七夕の日，ようやく実用の域に近づくことができたエンジンを搭載した海軍のロケット戦闘機の試作第1号機の「秋水」の初飛行が，海軍の追浜基地において実施された。

　しかし，見守る人々の前を，機体の尾部から明るい橙色と青緑色の焔を引きながら猛然と離陸した「秋水」は，高度350m付近でエンジンが急に停止し，その後滑空状態で出発点に戻ろうとしたが，機体の沈下が意外に早く，基地の建物に接触して地上に墜落してしまった。テスト・パイロットの犬塚豊彦大尉は重傷を負って翌朝に旬職してしまった。

　この悲劇に終った初飛行の失敗は，燃料取り出口の位置不良とされていたが，

エンジン自体もまだまだ安定したものとはなっていなかったと思われる。

この後，第2号機の飛行も早急に実施する計画となっていたが，終戦によって実施されずに終った。

この多くの問題点を抱えていたロケット戦闘機の開発は，結果的には失敗に終ってしまったが，ドイツより持ち帰られた不十分な資料を手がかりに，わずか一年足らずという短期間内に，それまで全くの未経験であったロケット戦闘機を完成させた関係者たちの熱意と努力の結果は奇跡に近いものがあった。

この戦中のロケット・エンジン開発の技術は，現在の宇宙開発ロケットのH－ⅡAの原点ともなっており，全てが無為に終ったわけではないと思う。

10-3) ターボ・ジェット・エンジンの開発

昭和10年頃の日本では，新しいエンジンであったジェット・エンジンを航空用として使用する動きは少なかった。

それでも昭和15年にイタリアのカプロ・カンピーニ機（この頃はロケット機と呼ばれていた）が世界で初めての推進飛行に成功したことや，ドイツでもこの新しい原動機の研究が進められているとの情報が伝えられてくるようになって，徐々にこれに対する取り組みが日本でも行われるようになった。

昭和17年1月には，海軍はジェット・エンジン推進を専門的に研究する研究2課が空技廠の発動機部に発足し，種子島時休技術中佐がこの部門の研究主任に任命された。

昭和19年初めには，三菱ほかの数社が空技廠に招集され，昭和18年6月頃より試作が行われていた「TR-10」型と呼ばれる小型のジェット・エンジンの図面を渡されて，実機の試作と，その燃焼試験を行うように命じられた。

このエンジンは，遠心式圧縮機付であり，タービンは1段であった。全長を短くするために，燃焼室を折り曲げた設計となっていたために，この部が火焔になめられて過熱しやすかったこと，推力が余り出なかったこと，更にはタービン一翼がクリープによって伸びたり，振動によって折損しやすいことなど，まだまだ問題点の多いものではあったが，これにより設計，製作の要点を学ぶことが出来

ていた。その後，圧縮機に新たに4段の軸流段を加えた「TR-12」型の図面も渡されてきた。

　この後，ジェット・エンジンの研究が本格的に動きだしたのは，巖谷技術中佐が昭和19年7月にドイツより秘かに潜水艦により日本に持ち帰った資料が活用できるようになった以降であった。

　しかし，この資料も，わずかにBMWの003型エンジンの縮小写真1枚と，ユンカース・ユモ004型エンジンの実物見学記録程度のものに過ぎなかったが，それでも資料に乏しい当時としては極めて貴重なものとなった。

　巖谷技術中佐の資料を基にして，ジェット・エンジンの開発を急ぐことにした軍は，昭和19年11月にはそれまでの関連開発計画の整理を行い，ジェット・エンジンは海軍主導，薬液ロケットは陸軍主導とし，呼称もターボ・ジェットやラム・ジェットは，それまで陸軍が使用していた燃焼ロケットの頭文字の「ネ」を付けて呼ぶことにした。これにより，それまでの「TR-10」型は「ネ-10」となり，この他に石川島グループの「ネ-130」，中島，日立グループの「ネ-230」，三菱グループの「ネ-330」が並行して開発されることになった。この中でも三菱グループの「ネ-330」は最大の推力を狙うものとなっていた。

　三菱では，この推進にあたり，昭和19年7月に名古屋発動機研究所においてターボ・ジェット・エンジンを小室俊夫，西沢弘に，薬液ロケットを成田豊二，持田勇吉に，脈動ロケットは成田豊二，日比吉太郎の各技師に担当させることを決めた。

　この三菱担当の「ネ-330」の計画作業は昭和19年8月以降に開始され，構成部品の担当も，圧縮機が鈴木春男，燃焼器が吉井久，小林克己，タービンが中野信，二木明，補機及び駆動装置が小仲清一技師の各技師とし，西沢弘がこの総括をつとめることになった。この作業は，限られた資料を頼りにしたものであっただけに，困難をきわめたが，西沢弘技師の懸命な努力によって何とか形をつけることが出来ていた。

この「ネ－330」の要目は，

1・圧縮機	軸流7段，圧縮比3.0
2・燃焼室	直流型，7個
3・タービン	軸流衝動型1段
4・寸法	全長　4,000mm
	直径　　880mm
5・重量	1,160kg
6・回転数	7,600rpm
7・離昇推力	1,200kg

となっていた。

　この試作第1号機の製作工事は，昭和20年の頻繁な空襲下に進められ，4月には総組立を終えたが，試運転を開始したばかりの最中に激しい空襲によって被爆大破してしまい，試験は中絶してしまった。

　その後，関係者は松本に移動して，新潟鉄工所において第2号機の製作を急いでいたが，これも終戦によって完成するには至っていない。

　かくて，三菱でのこの分野における活動は，その事実を伝えるものは何も残さずに終っている。

11・太平洋戦争時における制式機の搭載発動機について

　三菱が大正7年に航空用発動機の生産を開始して以来の総生産台数は51,409台（中島は47,120台）であり，その総馬力は66,482,900馬力に達していた。昭和13年7月1日に名古屋発動機製作所として独立した以降の総生産台数は48,996台で，その総馬力は65,069,215馬力となっており，三菱はわが国のトップを占めていた。

　この中で，出力の大きい機種別の生産実績のベスト5を次の表に示す。

順位	発動機	メーカー	生産台数
1	栄発動機	中　島	30,119台
2	火星	三　菱	15,897台
3	金星	三　菱	15,124台
4	瑞星	三　菱	12,795台
5	誉	中　島	8,770台

　この内，1位の「栄」は，陸海軍機の最大生産機であった陸軍の1式戦闘機「隼」と，海軍の「零戦」に装備されていたことが，この数値に結びついている。

　太平洋戦争の後期になると，中島は軍からの指導もあって，「栄」と「誉」（14気筒の「栄」の18気筒化発動機）のみに生産を絞っていたのに対して，三菱は「金星」，「火星」，「瑞星」の他にA18（ハ－42，火星の18気筒化発動機）、A20（ハ－43，金星の18気筒化発動機）などの多種の発動機の生産を続けており，自社機のみならず他社機の多くにも供給，搭載されており，当時もっとも広く使用された主力発動機となっていた。これは，三菱製作の発動機の高い信頼性によるものと考えられるが，以下に陸海軍の各機種に対する搭載発動機の状況をまとめてみた。

1）陸軍機の搭載発動機一覧表

機種	機体名称	機体生産会社	発動機生産会社 三菱	発動機生産会社 中島	発動機生産会社 その他	発動機名称
戦闘機	1式戦闘機「隼」	中島	○	○		ハ-25、ハ-115、ハ-115Ⅱ
戦闘機	2式戦闘機「鍾馗」	中島		○		ハ-41、ハ-100
戦闘機	3式戦闘機「飛燕」	川崎			川崎	ハ-40、ハ-140
戦闘機	4式戦闘機「疾風」	中島		○		ハ-45-21
戦闘機	5式戦闘機	川崎	○			ハ-112Ⅱ
爆撃機	97重爆撃機	三菱	○	○		ハ-5改、ハ-101
爆撃機	100式重爆撃機「呑龍」	中島		○		ハ-41、ハ-109
爆撃機	4式重爆撃機「飛龍」	三菱	○			ハ-104
爆撃機	99式双発軽爆撃機	川崎		○		ハ-25、ハ-115
爆撃機	99式襲撃機	三菱	○			ハ-26Ⅱ
偵察機	100式司令部偵察機	三菱	○			ハ-26Ⅰ、ハ-102、ハ-112、ハ-112ル
偵察機	98式直協機	立川			○日立	ハ-13甲
偵察機	99式軍偵察機	三菱	○			ハ-26Ⅱ
輸送機	97式輸送機	中島	○			ハ-1乙
輸送機	100式輸送機	三菱	○			ハ-5改、ハ-102

2）海軍機の搭載発動機一覧表

機種	機体名称	機体生産会社	発動機生産会社 三菱	発動機生産会社 中島	発動機生産会社 その他	発動機名称
戦闘機	零式艦上戦闘機	三菱	○	○		栄12型,21型,31型,金星62型
	局地戦闘機「雷電」	三菱	○			火星12型丙,23型,26型甲他。
	局地戦闘機「紫電」	川西		○		誉21型
	局地戦闘機「紫電改」	川西		○		誉21型
	艦上戦闘機「烈風」	三菱	○	○		誉22型、MK9A
	複座戦闘機「月光」	中島		○		栄21型
	2式水上戦闘機	中島		○		栄21型
	水上戦闘機「強風」	川西	○			火星13型
攻撃機・爆撃機	96式陸上攻撃機	三菱	○			金星3型,42型,45型,51型
	1式陸上攻撃機	三菱	○			火星11型,15型,21型,25型
	陸上爆撃機「銀河」	空技廠	○	○		誉12型,火星25型
	97式2号艦上攻撃機	三菱	○			金星43型
	97式3号艦上攻撃機	中島		○		栄11型
	99式艦上爆撃機	愛知	○			金星43,44,51,55型
	艦上攻撃機「天山」	中島	○	○		護11型,火星25型
	艦上攻撃機「彗星」	空技廠	○		○愛知	熱田22型,金星61,62型
	艦上攻撃機「流星改」	愛知		○		誉12型
偵察機	94式水上偵察機	川西	○		○広工廠	91式600馬力,瑞星12型
	98式陸上偵察機	三菱	○			瑞星12型
	陸上偵察機「彩雲」	中島		○		誉12型
	零式水上偵察機	愛知	○			金星43型
	零式水上観測機	三菱	○			瑞星13型
	水上偵察機「紫雲」	川西	○			火星24型
飛行艇	97式飛行艇	川西	○			金星43,46,53型
	2式飛行艇	川西	○			火星12,22型
輸送機	零式輸送機	昭和	○			金星43,53型

　上記の表によっても、三菱製作の各種発動機が、いかに幅広く活用されていたかがわかると思う。

12・発動機生産性の向上対策

　深尾は,「金星」系列の確立によって自社で生産する発動機機種の整理を実施したと共に,軍部から日々増大してくる多量生産の要求に対する自社工場内の設備改善や能率向上にも,常に適切な対策を実行し続けていた。以下にその幾つかの事例を紹介することにする。

1）名古屋発動機製作所の建設　（第12－1図参照）

　昭和12年7月1日,名古屋発動機製作所（名発）として新設された大幸工場には,深尾独自の構想が数多く含まれていた。その主なものは,
　イ）建屋は平屋とし,そのスパンは18mとする。
　ロ）棟数を少なく,1棟約2万坪,隣接工場との間隔は1スパンとする。
　ハ）工場の周囲はすべて芝生とする。
　ニ）工場床面は全部コンクリート打ち,工作機械のための基礎は作らない。
　ホ）工作機械は置いたままで,基礎ボルトは使用しない。
　ヘ）動力線,蒸気管,空気管,スチームヒーターなどは屋根組みに取り付け,地下には設けない。
　ト）工場内の間仕切りは低くして見通しを良くする。
　チ）工場内に貨物自動車の通路を設ける。
などであり,これらは当時の一般的な工場概念をくつがえすものとなっており,その頃には珍しい大型平屋工場であった。

　工作機械を置いたままとしたのは,状況に応じて移動を容易にするためであった。

2）生産技術部門の確立

　製作現場は,従来の機械工場と仕上工場を統合した工作部として新しく編成されたが,ここで注目すべきは,工作部内に新設された工作設計課であった。この課は,数年前から行われていた専用機械や治工具の設計製作,また,設計と現場作業との有機的結合を図るなどの様々な動きを一括して行う部署であり,戦後強

名発の工場内に並んだ「金星」発動機群（54型と思われる）

く叫ばれるようになった「生産設計」のはしりとも見られるものであった。深尾は特にこの部署の強化を計り，優秀な学卒の技師と，現場のたたきあげの工師を組み合わせて，技術と技能の統合による生産技術の改善を推進することに努めたのであった。これにより，それまでの現場での個々の属人的改善は，職場全体として一括して機能的に取り組まれるように変化していった。

3）量産システムの確立

 苛烈な増産要求に応えるため，工場内をゆっくりと移動していくベルトに載せられた接合棒，ピストン，クランクなどの発動機部品を，両側に待機していた工作員が取り上げ，それを工作機械にかけ，所要の加工工程を終えると，また元のベルトに戻すシステムが工夫された。

 昭和18年，名発において，このコンベヤ・システムを最初に採用したのは第三工作部であったが，翌年からは第一工作部，第二工作部においても，同一点数の多い部品に対してこの方式が実行されたと思われる。

第12-1図 名古屋発動機製作所工場配置図

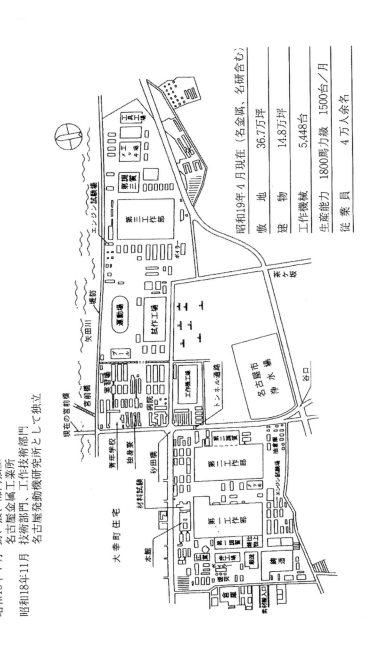

昭和15年7月　鋳、鍛、部門独立
　　　　　　　名古屋金属工業所
昭和18年11月　技術部門、工作技術部門
　　　　　　　名古屋発動機研究所として独立

勿論，このコンベヤ・システムを置けば，全てが巧くいくというものでは無く，必要な工程管理をしっかり固めておくことが前提となるが，名発ではこのシステムを有効に活用していたようである。

4）生産工程の自動化への取組

　戦局の深刻化にともない，軍部からのきびしい増産要求に対し，従来の専用機械の多用から更に進んだ自動加工機械へのアプローチも進められていた。

　この目的のために製作されたのは，シリンダーヘッドを自動的に加工するためのトランスファーマシンであったが，これは日本でも最初に製作されたものであった。

　この計画を担当していたのは，深尾の特命で昭和14年にアメリカに渡り，昭和17年に第一次の交換船でようやく帰国した谷泰夫技師であった。

　谷技師は，これに関する技術資料は何一つ持ち帰ることは許されていなかったが，アメリカでの見聞の記憶と，雑誌に掲載されていた一枚の写真を頼りにして，長さが約10mに近い機台の両側に20余台のミリング，ドリリング，タッピングなどのユニット・ヘッドを配置して，間隔移動方式で順次自動移送，同時工作を行う機械を完成させた。これは，社内では「ムカデ」とも呼ばれていたという。

　日本では，全く前例のないものであっただけに多くの苦労があった。昭和19年12月13日のB－29による初の大空襲を受けた時には工場内で試運転が行われていたが，この折角の新鋭機もその効果を発揮することなく，被爆して破壊されてしまい，谷技師もこの時に帰らぬ人となってしまった。

　また，名発ではこの他にも，自動洗浄機械を製作し，次には，カムケース，減速室，クランクケースなどの自動加工機械も計画されていたが，後者は実用化には至っていない。

13・発動機略称一覧表

新名称は，昭和18年の軍需省設立後に機密保持のために設定されたもの。

新名称	陸軍		海軍		備考
	ハ番号	制式名	通称	記号	
ハ-31-11			瑞星11型		
ハ-31-12			瑞星12型		
ハ-31-13			瑞星13型		
ハ-31-14	ハ-26-Ⅰ	99式900馬力Ⅰ型	瑞星14型		
ハ-31-15	ハ-26-Ⅱ		瑞星15型		
ハ-31-21	ハ-102		瑞星21型	MK2I	2速過給
ハ-33-41			金星41型		
ハ-33-42			金星42型		
ハ-33-51	ハ-112-Ⅰ	1式1300馬力	金星51型	MK8A	2速過給
ハ-33-54			金星54型	MK8N	2速過給
ハ-33-61			金星61型		2速過給
ハ-33-62	ハ-112-Ⅱ	4式1500馬力	金星62型	MK8P	2速過給，燃料噴射
ハ-32-11	ハ-101	100式1500馬力	火星11型	MK4A	2速過給，減速比0.684
ハ-32-12			火星11型	MK4B	2速過給，減速比0.5
ハ-32-13			火星11型	MK4C	2速過給，減速比0.684，延長軸
ハ-32-14			火星14型	MK4D	2速過給，減速比0.625，二重反転式
ハ-32-15			火星15型		2速過給，減速比0.684，高空性能改善
ハ-32-21			火星21型	MK4P	2速過給，減速比0.54，水噴射
ハ-32-22			火星22型	MK4Q	2速過給，減速比0.5，水噴射
ハ-32-23			火星23型	MK4R	2速過給,減速比0.538,延長軸,増速ファン付,水噴射
ハ-32-24			火星24型	MK4S	2速過給，減速比0.625，二重反転式
ハ-32-25	ハ-111		火星25型	MK4T	2速過給，減速比0.625
ハ-32-25甲			火星25型甲		2速過給，減速比0.625
ハ-32-26			火星26型		2速過給,減速比0.625,23型高空性能改善
ハ-42-11	ハ-104	4式1900馬力		MK6A	冷却ファン付，2速過給
ハ-42-21	ハ-214ル			MK10C	冷却ファン付，2速過給
ハ-42-31	ハ-214フ			MK10A	冷却ファン付，フルカン過給器付
ハ-42-41				MK10B	冷却ファン付，2段過給
ハ-43-01	ハ-211-Ⅰ			MK9A	冷却ファン付
ハ-43-11	ハ-211-Ⅰル			MK9A	冷却ファン付,排ガスタービン過給器付
ハ-43-21	ハ-211-Ⅱ			MK9B	冷却ファン付,フルカン過給器付
ハ-43-41				MK9D	冷却ファン付，延長軸推進式
ハ-50-01	ハ-50				複列22気筒

第2篇　資料編
（三菱航空機略史）

「三菱航空機略史」について

三菱重工業株式会社に保存されている航空機関係の旧い資料の中に「三菱航空機略史」という記録が残されている。この作成来歴には，

「本略史は，三菱重工業株式会社本店の臨時整理室員が機体関係と発動機関係を分担作業したものであり，前者は昭和22年2月15日，後者は昭和21年6月25日に脱稿したものである」

と記されていた。

この内容を見ると，三菱が航空機産業に参入していた昭和初期から終戦に至るまでの三菱航空機関連の機体と発動機関係の消長や生産に関係した各種の記録が詳細にまとめられており，きわめて貴重なものであると思う。

ここに，その内容の一部を紹介することにしたが，原文そのままでは今の読者には判り難い表現の部分もあるので，その趣旨を損なわない範囲で変更した部分があるのを，あらかじめお断りしておく。

発動機関係の資料の構成は，

　　序
　　第1章　発動機製作所の沿革
　　第2章　発動機の受注量
　　第3章　発動機の生産量
　　　　　　1・日本総生産量に対する三菱生産量の比較
　　　　　　2・発動機の生産量
　　第4章　発動機以外の生産品の概要
　　　　　　1・発動機の補修部品
　　　　　　2・燃料噴射ポンプ及び排気タービン過給器
　　　　　　3・排気弁，給気弁
　　　　　　4・鋳、鍛発動機部品

　　　　　5・特殊兵器（特ロ）
　　第5章　発動機の生産概要ならびに生産能率
　　第6章　発動機の要目，性能，呼称，構成重量
　　　　　1・陸軍発動機性能諸元
　　　　　2・海軍発動機性能諸元
　　　　　3・陸海軍試作発動機一覧
　　　　　4・陸海軍発動機呼称一覧
　　　　　5・陸海軍試作及び制式発動機略称一覧
　　　　　6・発動機構成重量
　　第7章　空襲被害と疎開状況

となっている。
　このうち第3章までの部分から，参考になると思われる部分を抜粋することとし，その他の部分については本書内の記述と重複するので省略することにしたことをお断りして，次頁より，以下の構成でその概要を紹介する。
　　　　第1章　序
　　　　第2章　発動機製作所の沿革
　　　　第3章　発動機の受注量（発動機の生産量の表1点をふくむ）

第1章　序

　航空機生産産業は，国家のあらゆる産業の頂点に立つ総合産業といわれている。
　満州事変を起点として始まった日本の軍事行動は，支那事変を経て遂に太平洋戦争にまで押し進められ，この間，軍需生産も戦争の拡大と共に膨張の一途をたどったが，その中でも航空機生産工業は，その最も顕著なものであった。ピラミッドの底辺は，拡張に次ぐ拡張によって急速に拡大していった。それと共に，その頂点に立つ航空機の生産量も次第に拡大し，まさに国力の許す限りの最大量にまで達しようとしたが，昭和20年8月15日の戦争終結によって一切は崩壊し，航空機の生産はここに終止符が打たれた。
　わが三菱重工業株式会社が，その好むと好まざるとにかかわらず航空機初め各種の兵器部門において，戦局の進展と共に生産の増強に挺身したことは周知の事実となっている。ここでは，三菱重工業の一部門としての航空機，特に航空用発動機の生産が満州事変を契機としていかに推移してきたかを，そのありのままの姿を記述することにする。勿論，航空機用発動機は，それ自身でも単独兵器であるが，他の航空兵器と関連してのみ意味を持つものである。
したがって，ここに発動機部門のみを記述することは著しく価値を減ずることになるのかも知れない。しかし，航空機機体部門は，別の担当者によって同様な作業が行われるはずであるから，それと表裏一体として本編を作成し，両者を合わせて，わが社の航空機部門の歴史を構成したいと考えている。
　いずれにしても，その量と質とにおいて，中島飛行機と共に二つの大きな航空用発動機製造会社としてピラミッドの頂点に立ったわが社の名古屋発動機製造所及びこれより分かれた各製作所の現実の姿こそ，わが国の航空史上に巨大な地歩を占めたものであったことを記憶すべきである。

第2章　発動機製作所の沿革

　明治17年，三菱合資会社が長崎において業務を継承した造船業は，時勢の進展と海運界の発展に従い次第にその事業が拡大し，大正6年10月には三菱造船株式会社が資本金5千万円で新設され，長崎，神戸，彦島（下関）における造船，兵器の製造及びその付帯事業を纏めることになった。

　同社においては，早くから内燃機関の研究に着手していたが，大正8年5月に神戸内燃機製作所を設立して製造を開始し，更に同年5月に名古屋市に三菱内燃機製造株式会社を創立して，これにその事業を継承させ，大正10年5月には飛行機，発動機及び自動車の製造，修理を名古屋工場において開始し，潜水艦用機関及びその他の重油機関は神戸工場で行うことにした。

　三菱内燃機は，大正10年10月，本店を東京に移し，社名を三菱内燃機株式会社と改め，更に昭和3年5月には三菱航空機株式会社と改め，航空機関係事業に従事することとし，重油機関の製作は造船会社神戸造船所で行うことにした。

　このようにして，造船会社と航空機会社とは別々にその使命に邁進してきていたが，昭和9年4月，三菱造船会社は，その社名を三菱重工業株式会社と改称し，同年6月三菱航空機株式会社と合併し，再び造船，航空機の両事業は一社の下に統括されて，密接な関係を保ちつつ昭和20年に及んだ。

　名古屋発動機製作所は，昭和13年7月に名古屋航空機製作所より発動機専門工場として分離独立し，陸海軍航空機用発動機の製造並びにその付帯事業に従事したが，昭和15年7月，その一部門であった鋳物，鍛冶，弁及び軸受の4工場を分離独立させて名古屋金属工業所とし，昭和18年11月には太平洋戦争の戦局進展に即応させるために，試作研究部門及び生産準備部門を独立させて名古屋発動機研究所を設立した。

　かくして，名古屋発動機製作所は規模の拡大，発動機生産条件の複雑化と工場分散化の趣旨に従い，次第にその有する製造部門を分離，独立させていった。

　この名古屋発動機製作所独立以後の発動機部門の分離の経緯を示すと，次のよ

うにまとめられる。

- ・昭和13年7月1日　　名古屋発動機製作所独立
- ・昭和15年7月1日　　名古屋金属工業所独立
- ・昭和18年11月11日　名古屋発動機研究所独立
- ・昭和19年1月1日　　名古屋金属より弁工場を分離し，京都機器製作所独立
- ・昭和19年1月1日　　発動機研究所より燃料噴射ポンプ及び排気タービン製造部門を分離し，名古屋機器製作所独立
- ・昭和19年3月1日　　名古屋発動機よりハ－112発動機工作部を分離し，静岡発動機製作所を独立
- ・昭和19年7月1日　　名古屋発動機より火星発動機製造工作部を分離し，京都発動機製作所を独立
- ・昭和20年2月1日　　名古屋発動機よりハ－104発動機製造工作部を分離し，第16製作所（大垣）を独立
- ・昭和20年5月1日　　名古屋発動機より第18製作所（福井）を独立
- ・昭和20年6月1日　　三菱工作機械株式会社を当社に合併し，第20製作所（広島）を独立
- ・昭和20年7月1日　　愛知県挙母町東海飛行機株式会社に鋳物関係及び発動機小物部品製造の一部を移して，第22製作所を独立

　以上の如く，製作所の分離は前述の通り，種々の理由によっているが，大別すると，名金，名研，名機の三場所は特殊部門の独立であり，静岡，京発は既定の拡充計画による独立であり，その他は工場疎開，分散によるものであった。
　名古屋発動機を枢軸として，これら多数の製作所が有機的に結合しながら最大能力を発揮していたならば，発動機生産量を飛躍的に増大させることができたと思われるが，昭和20年に入ってから分離した第16製作所以下はアメリカ軍からの激しい空襲下にさらされ，遂に総合生産力を発揮することができずに終っている。

第3章　発動機の受注量

　わが国の航空機製造会社の納入先が，99％まで陸海軍であったことから，当社生産品のほとんどが陸海軍に渡されていたが，その間には若干のものが，大日本航空，満州航空または中華航空などの民間航空に渡されていた。これらは，軍の委託調弁形式により，軍を通じてのみ販売されていたものである。

　昭和7年度，当社が陸海軍より受注した発動機は，245台，金額670万円余であった。これは年と共に増大し，航空機生産が最大に達していた昭和19年度には16,498台，金額にして5億7千万円余に飛躍しており，台数で67倍，金額で85倍になっていた。

　昭和20年度は，爆撃による被害や，生産機材の供給不円滑などの制約があって生産は激減し，これにともなって軍からの発注も，昭和19年度をはるかに下回っていた。

　第1表に，昭和7年度以降の陸海軍別の受注量を，第2，3表には機種別受注高を示している。

　軍は常に最小限度の要求量であるといって，発注量の消化を会社に強く要求してきていたが，軍が考えていた戦争遂行上に必要な兵器の増大と，これを消化するための生産力拡充との速度の開きが大きく，はなはだしい場合には，次年度一杯かかっても前年度受注量さえ消化できぬ状態であった。

　しかも，軍の発注量も，上部の要求をそのまま流すのみであり，会社の生産計画も，単に受注数量を計画表の枠内に当て込むだけの紙上プランに終ってしまっていた。この結果，終戦時には1万6千台余の未消化発動機が残っていた。

　なお，このような受注量過大の現象は，陸海軍の競合によってさらに拍車がかけられていた。

　名古屋発動機は陸海軍の発動機の生産を行っていたが，伝統的に海軍からの注文量が陸軍のそれを上回っていた。

　しかし，陸海軍の発動機の配分が，その年度初頭において争いの焦点となり，

両軍の協定によって，その比率を決定するような事態までが起こっていたが，結局，注文の多い方が発動機配分に有利となるという考えから，両軍が発注量の増加を競うようになった。

軍需省が発足して，航空兵器の発注が同省に統合されるようになって，こうした傾向は無くなったが，昭和19年，20年度共に陸軍の発注量が圧倒的に増大した。

しかし，こうした現象によって，陸海軍の担当工場間の相互融通に円滑を欠くことになり，資材活用の隘路(あいろ)となり，規格の不統一，技術交流の閉塞となっていた。

【筆者註記】

このような生産計画に混乱を来していた一因としては，日本では独立した空軍組織を持っておらず，陸海軍別々に別れていたために，それぞれが専ら自己だけの勢力を保持することに捕らわれていたことがあったと思われる。

特に，陸海軍がそれぞれ独自の規格を持っており，その間の整理，統合が全く行われていなかったことが，メーカー側の混乱と非能率を更に助長する結果を招いていたと思われる。

第1表・昭和7年度以降の発動機受注量

年度	発動機受注量 陸軍	発動機受注量 海軍	計	年度	発動機受注量 陸軍	発動機受注量 海軍	計
昭和7年度	119台	126台	245台	昭和14年度	1,088台	1,437台	2,525台
昭和8年度	142台	132台	274台	昭和15年度	1,983台	2,253台	4,236台
昭和9年度	124台	179台	303台	昭和16年度	2,765台	3,025台	5,790台
昭和10年度	105台	134台	239台	昭和17年度	3,406台	6,503台	9,909台
昭和11年度	78台	171台	249台	昭和18年度	6,404台	9,776台	16,180台
昭和12年度	100台	420台	520台	昭和19年度	9,710台	6,788台	16,498台
昭和13年度	277台	1,029台	1,306台	昭和20年度	3,442台	1,965台	5,407台
				合計	29,743台	33,938台	63,681台

各年度別の陸軍からの受注の内容は次の通りとなっている。

第2表・昭和7年度以降の陸軍向発動機受注高

年度	品　名	数　量	代　価	
昭和7年度	ユ式1型800馬力発動機	12台	642,000	00
	92式400馬力発動機	102台	2,215,845	52
	93式700馬力発動機	2台	110,894	04
	ロールスロイス800馬力	3台	186,116	89
	計	119台	3,154,856	45

年度	品　名	数　量	代　価
昭和8年度	ユ式1型800馬力発動機	6台	
	92式400馬力発動機	82台	
	93式700馬力発動機	54台	
	計	142台	

年度	品　名	数　量	代　価
昭和9年度	92式400馬力発動機	20台	
	93式700馬力発動機	104台	
	計	124台	

年度	品　名	数　量	代　価
昭和10年度	92式400馬力発動機	5台	
	93式700馬力発動機	100台	
	計	105台	

注：空欄は記載無し。

年度	品　名	数　量	代　価
昭和11年度	93式700馬力発動機	78台	
	計	78台	

年度	品　名	数　量	代　価
昭和12年度	ハ−2, 3型 発動機	22台	630,124 | 00
	ハ−6甲 発動機	3台	96,000 | 00
	ハ−6乙 発動機	1台	33,000 | 00
	ハ−5 発動機	70台	1,901,008 | 00
	ハ−5（試作）発動機	2台	64,287 | 60
	ユモ4（改造）発動機	1台	45,016 | 08
	ハ−6甲（改造）発動機	1台	8,854 | 92
	計	100台	2,788,290 | 60

年度	品　名	数　量	代　価
昭和13年度	ハ−5 発動機	250台	6,568,660 | 00
	ハ−26 発動機	15台	476,355 | 82
	ハ−18乙 発動機	4台	194,682 | 82
	ハ−101 発動機	2台	141,873 | 54
	ハ−102 発動機	2台	122,022 | 03
	ハ−21 発動機	2台	150,000 | 00
	ハ−6乙 発動機	1台	42,853 | 20
	ハ−22 発動機	1台	88,057 | 29
	計	277台	7,784,504 | 70

年度	品　名	数　量	代　価	
昭和14年度	ハ－5 発動機	164台	4,080,320	00
	ハ－5改 発動機	588台	15,073,968	00
	ハ－26（1型）発動機	122台	2,949,655	00
	ハ－26（2型）発動機	101台	2,489,650	00
	ハ－26（2型）民間委託	54台	1,323,950	84
	ハ－26（試作）発動機	31台	828,362	00
	ハ－101（試作）発動機	14台	675,358	00
	ハ－102（試作）発動機	9台	347,164	00
	ハ－104（試作）発動機	4台	570,932	00
	ハ－21（試作）発動機	1台	75,000	00
	計	1,088台	28,414,359	84

年度	品　名	数　量	代　価	
昭和15年度	ハ-5改 発動機	253台	6,289,580	00
	ハ-5改(愛国号)	9台	224,296	00
	ハ-5改(民間委託)	3台	74,580	00
	ハ-5改(キ57用)	96台	2,401,590	72
	ハ-5改(キ57,民間委託)	143台	3,579,011	24
	ハ-26(1型,キ15用)	92台	2,168,302	00
	ハ-26(1型,民間委託)	5台	117,842	50
	ハ-26(1型,キ46用)	63台	1,515,150	00
	ハ-26(2型)	387台	9,307,350	00
	ハ-26(2型,愛国号)	3台	72,150	00
	ハ-26(2型,民間委託)	36台	863,193	30
	ハ-101	600台	22,416,000	00
	ハ-102	243台	7,533,000	00
	ハ-21(試作)	3台	216,000	00
	ハ-101(試作)	17台	679,218	00
	ハ-102(試作)	27台	965,170	00
	ハ-104(試作)	3台	378,684	00
	計	1,983台	58,801,117	76

年度	品　名	数　量	代　価	
昭和16年度	ハ－5（キ57用）	16台	400,265	12
	ハ－26－2型（軍偵用）	205台	4,973,056	00
	ハ－26－2型（襲撃機用）	420台	10,187,400	00
	ハ－26－2型（愛国号用）	15台	363,000	00
	ハ－26－2型（民間委託）	49台	1,215,356	96
	ハ－101（キ21Ⅱ型用）	681台	23,146,260	00
	ハ－101（愛国号用）	12台	404,400	00
	ハ－101（キ21,民間委託）	18台	672,480	00
	ハ－102（キ46Ⅱ型用）	557台	16,297,000	00
	ハ－102（愛国号用）	8台	232,000	00
	ハ－102（キ57用）	128台	3,748,080	00
	ハ－102（民間委託）	300台	8,888,432	28
	ハ－102（キ45用）	240台	6,960,000	00
	ハ－102（試作）	30台	928,200	00
	ハ－112（試作）	17台	765,000	00
	ハ－212（試作）	5台	166,180	00
	ハ－101（試作）	3台	125,925	00
	ハ－111（試作）	5台	302,000	00
	ハ－104（試作）	2台	220,000	00
	ハ－104（試作）	52台	3,220,000	00
	ハ－114（試作）	2台	223,000	00
	計	2,765台	83,438,035	36

年度	品　名	数　量	代　価	
昭和17年度	ハ－26Ⅱ型（キ51軍偵用）	160台	3,627,660	00
	ハ－26Ⅱ型（キ51襲撃機用）	390台	8,800,740	00
	ハ－26Ⅱ型（キ51愛国号）	39台	891,600	00
	ハ－101（キ21用）	960台	28,429,440	00
	ハ－101（キ21,愛国号）	40台	1,348,000	00
	ハ－101（キ21,民間委託）	24台	719,712	00
	ハ－102（キ46Ⅱ型用）	930台	23,889,840	00
	ハ－102（キ57Ⅱ型用）	48台	1,233,024	00
	ハ－102（キ57Ⅱ民間委託）	291台	7,973,955	20
	ハ－102（キ45用）	500台	12,844,000	00
	ハ－102（キ45愛国号用）	6台	167,000	00
	ハ－312	3台	159,000	00
	ハ－203	2台	460,000	00
	ハ－214	3台	480,000	00
	ハ－112Ⅱ型	10台	450,000	00
	計	3,406台	91,470,971	20

年度	品　名	数　量	代　価	
昭和18年度	ハ－26	520台	11,180,000	00
	ハ－26（愛国号）	6台	129,000	00
	ハ－101	620台	19,440,000	00
	ハ－101（民間委託）	20台	550,800	00
	ハ－102（キ57用）	690台	15,516,000	00
	ハ－102（キ46用）	1,090台	24,556,000	00
	ハ－102（キ45用）	1,826台	41,535,100	00
	ハ－102（民間委託）	12台	277,248	00
	ハ－104	440台	16,060,000	00
	ハ－112	1,080台	31,104,000	00
	計	6,404台	160,348,148	00

年度	品　名	数　量	代　価	
昭和19年度	ハ－102（概算契約）	1,763台	43,419,000	00
	ハ－112	3,900台	134,550,000	00
	ハ－104	3,861台	162,548,100	00
	ハ－211（概算契約）	184台	9,200,000	00
	計	9,710台	349,717,100	00

年度	品　名	数　量	代　価	
昭和20年度	ハ－211	900台	53,100,000	00
	ハ－104	1,600台	67,520,000	00
	ハ－214	122台	9,638,000	00
	ハ－112	450台	14,310,000	00
	ハ－102	370台	9,879,000	00
	計	3,442台	154,447,000	00

次に，各年度別の海軍からの受注の内容は以下の通りである。

第3表・昭和7年度以降の海軍向発動機受注高

年度	品　名	数　量	代　価	
昭和7年度	ヒ式450馬力発動機	49台	1,237,869	50
	ヒ式650馬力発動機	70台	2,159,774	93
	空冷600馬力発動機	3台	118,970	50
	7試空冷600馬力発動機	1台	37,874	50
	7試水冷600馬力発動機	1台	45,898	20
	7試水冷300馬力発動機	1台	20,399	00
	コンケラー600馬力	1台	5,216	36
	計	126台	3,626,002	99

年度	品　名	数　量	代　価	
昭和8年度	ヒ式650馬力Ⅰ型発動機	70台	2,091,816	36
	ヒ式450馬力Ⅱ型発動機	42台	1,599,995	94
	空冷600馬力発動機	20台	647,389	00
	計	132台	3,739,201	30

年度	品　名	数　量	代　価	
昭和9年度	ヒ式450馬力Ⅱ型発動機	15台	349,273	95
	ヒ式650馬力Ⅰ型発動機	25台	679,009	00
	91式600馬力発動機	50台	1,107,705	12
	天風発動機	80台	1,221,101	20
	三菱8試水冷600馬力発動機	1台	40,251	20
	三菱8試空冷650馬力発動機	1台	40,251	20
	空冷600馬力発動機	7台	227,579	37
	計	179台	3,665,171	04

年度	品　名	数　量	代　価	
昭和10年度	ヒ式650馬力Ⅰ型発動機	101台	2,515,993	47
	金星発動機2型	21台	653,341	20
	金星発動機3型	3台	102,971	76
	ホーネット発動機	7台	226,233	90
	10試空冷800馬力発動機	1台	45,783	40
	震天発動機改	1台	43,283	40
	計	134台	3,587,607	13

年度	品　名	数　量	代　価	
昭和11年度	金星発動機2型	26台	703,803	00
	金星発動機3型	96台	2,598,187	60
	金星発動機3型（改造型）	1台	80,786	34
	明星発動機	31台	823,775	10
	ホーネット発動機	2台	62,482	52
	震天発動機改	8台	334,725	20
	11試空冷700馬力発動機	2台	143,688	04
	11試液冷700馬力発動機	2台	149,512	98
	イスパノ12YCRS及12XCRS	3台	221,848	64
	計	171台	5,118,809	42

年度	品　名	数　量	代　価	
昭和12年度	金星発動機4型	379台	10,101,528	90
	震天発動機改	20台	580,027	00
	明星発動機2型	7台	176,528	51
	瑞星発動機	14台	447,872	16
	計	420台	11,305,956	57

年度	品　　名	数　量	代　価	
昭和13年度	金星発動機4型	700台	18,855,670	00
	瑞星発動機	245台	6,529,250	00
	震天発動機	40台	1,252,400	00
	明星発動機2型	42台	1,132,299	09
	金星発動機3型（教育用）	2台	18,938	00
	計	1,029台	27,788,557	09

年度	品　　名	数　量	代　価	
昭和14年度	金星発動機42型	635台	16,224,250	00
	金星発動機42型（航空局用）	15台	383,250	00
	金星発動機43型	245台	6,259,750	00
	金星発動機43型（航空局用）	37台	945,350	00
	金星発動機41型（改）	3台	149,152	00
	金星発動機44型	166台	4,325,764	00
	金星発動機4型（教育用）	1台	11,825	42
	瑞星発動機11型	275台	6,916,250	00
	瑞星発動機12型	15台	377,250	00
	瑞星発動機13型	6台	156,468	00
	瑞星発動機（MK2A,MK2B）	2台	53,300	00
	震天発動機21型	20台	580,000	00
	13試ヘ号発動機（MK4A）	17台	1,256,666	90
	計	1,437台	37,639,276	32

年度	品　名	数　量	代　価	
昭和15年度	金星発動機42型	234台	5,931,900	00
	金星発動機42型（航空局用）	12台	304,200	00
	金星発動機43型	851台	21,572,850	00
	金星発動機43型（満航用）	2台	51,540	40
	金星発動機43型（航空局用）	120台	3,042,000	00
	金星発動機44型	220台	5,664,870	20
	瑞星発動機13型	308台	7,844,562	88
	瑞星発動機12型	10台	246,950	00
	MK4A発動機	12台	470,508	00
	MK4B発動機	48台	1,973,052	48
	火星発動機11型	412台	16,068,000	00
	火星発動機10型改1	24台	981,510	00
	計	2,253台	64,151,944	00

年度	品　名	数　量	代　価	
昭和16年度	金星発動機43型	399台	10,114,650	00
	金星発動機43型（航空局用）	22台	562,713	80
	金星発動機44型	372台	9,578,780	52
	金星発動機45型	556台	14,303,639	32
	瑞星発動機13型	200台	5,093,872	00
	火星発動機11型	1,277台	45,844,300	00
	火星発動機12型	120台	4,499,474	40
	金星発動機40型改（MK8A）	79台	3,523,400	00
	計	3,025台	93,520,830	04

年度	品　名	数　量	代　価	
昭和17年度	金星発動機43型	310台	7,611,873	30
	金星発動機43型（航空局用）	6台	148,793	38
	金星発動機45型	661台	16,478,994	40
	金星発動機46型	120台	2,991,648	00
	金星発動機51型	99台	3,151,003	68
	金星発動機52型	655台	20,883,574	60
	金星発動機53型	720台	22,955,990	40
	金星発動機54型	790台	25,326,072	80
	瑞星発動機13型	550台	13,420,055	00
	火星発動機15型	1,520台	49,584,269	60
	火星発動機22型	480台	16,672,161	60
	火星発動機13型	450台	16,006,765	50
	火星発動機23型	50台	1,986,260	50
	火星発動機24型	34台	1,318,772	96
	火星発動機11型（ニッケル節約）	5台	192,630	05
	瑞星発動機10型改2	3台	485,182	74
	14試リ号発動機（MK6A）	2台	954,413	08
	MK4C発動機	15台	1,053,315	46
	MK4D発動機	33台	2,298,405	28
	計	6,503台	203,520,182	33

年度	品名	数量	代価	
昭和18年度	金星発動機43型	700台	15,778,000	00
	金星発動機43型(航空局用)	40台	929,426	80
	金星発動機53型	100台	2,619,000	00
	金星発動機54型	1,000台	26,628,000	00
	瑞星発動機13型	382台	8,619,448	00
	火星発動機15型	400台	11,339,600	00
	火星発動機21型	1,200台	37,428,000	00
	火星発動機22型	535台	16,306,800	00
	火星発動機23型	300台	10,097,400	00
	火星発動機23型甲	1,000台	35,541,231	00
	火星発動機25型	4,119台	122,976,864	00
	計	9,776台	286,263,769	80

年度	品名	数量	代価	
昭和19年度	金星発動機43型	1,305台	29,284,200	00
	金星発動機53型	29台	786,190	00
	金星発動機54型	504台	13,761,720	00
	金星発動機62型	1,860台	64,728,000	00
	火星発動機22型甲	113台	4,395,700	00
	火星発動機23型甲	730台	30,879,000	00
	火星発動機25型甲	384台	12,672,000	00
	火星発動機25型乙	1,396台	53,746,000	00
	火星発動機25型丙	467台	17,979,500	00
	計	6,788台	228,232,310	00

年度	品　名	数　量	代　価	
昭和20年度　概算予約	火星発動機25甲型	445台	13,278,800	00
	火星発動機25丙型	200台	6,768,000	00
	火星発動機26甲型	720台	27,244,800	00
	ハ－43－11型（MK9A）	600台	28,320,000	00
	計	1,965台	75,611,600	00

第4表・三菱発動機の製作年代及び総馬力

名　称	呼称	冷却	筒配列	気筒数	馬　力	筒径×行程	製作年度	製作台数	総馬力
ルノー70馬力		空冷	V型	8	70	96×120	大正7年～11年	15	1,050
イスパノ200馬力		水冷	V型90°	8	200	120×130	大正9年～15年	154	30,800
イスパノ300馬力		水冷	V型90°	8	300	140×150	大正9年～昭和6年	710	213,000
イスパノ450馬力		水冷	V型90°	12	450	140×150	大正14年～昭和9年	439	197,550
イスパノ650馬力		水冷	V型90°	12	650	150×170	昭和6年～昭和10年	271	176,150
ユンカースL88		水冷	V型60星型	12	800	160×190	昭和7年～昭和8年	18	14,400
モングース130馬力		空冷	星型,単列	5	130	127×140	昭和2年～昭和6年	52	6,760
ホーネット	A12	空冷	星型,単列	9	750	155×160	昭和10年～昭和14年	107	80,250
天風300馬力		空冷	星型,単列	9	300	155×160	昭和9年	81	24,300
91式600馬力		水冷	W型	12	600	─	昭和9年	50	30,000
97式850馬力		空冷	星型,複列	14	850	146×160	昭和12年～昭和16年	1,831	1,556,350
震　天	A7	空冷	星型,複列	14	800	140×160	昭和9年	4	3,200
金星1，2	A4	空冷	星型,複列	14	600,650	140×150	昭和6年～昭和11年	92	76,260
92式400馬力	A5	空冷	星型,単列	9	400	145×150	昭和6年～昭和10年	212	84,800
震天改造型	A6	空冷	星型,複列	14	950	140×170	昭和9年～昭和14年	109	103,550
93式700馬力	B2	水冷	V型60°	12	700	150×170	昭和7年～昭和12年	367	256,900
金星3型	A8	空冷	星型,複列	14	840	140×150	昭和10年～昭和12年	109	91,560
金星40型	A8	空冷	星型,列	14	1,000	140×150	昭和11年～昭和20年	7,710	7,710,000
瑞星10型	A14	空冷	星型,列	14	900	140×130	昭和11年～昭和19年	4,943	4,448,700
瑞星20型	A14	空冷	星型,列	14	1,080	140×130	昭和11年～昭和20年	7,852	8,480,160
火星10型	A10	空冷	星型,列	14	1,500	150×170	昭和13年～昭和19年	7,332	10,998,000
ハ-104	A18	空冷	星型,列	18	1,900	150×170	昭和15年～昭和20年	2,827	5,371,300
金星50型	A8	空冷	星型,列	14	1,300	140×150	昭和15年～昭和20年	3,689	4,795,700
火星20型	A14	空冷	星型,列	14	1,850	140×170	昭和16年～昭和20年	8,569	15,852,650
ハ-211	A20	空冷	星型,列	18	2,200	140×150	昭和16年～昭和20年	77	169,400
金星60型	A8	空冷	星型,列	14	1,500	140×150	昭和15年～昭和20年	3,725	5,587,500
ハ-214	A18	空冷	星型,列	18	2,500	150×170	昭和17年～昭和20年	33	82,500

注：三菱に於ける発動機の総生産数と総生産馬力は
　　総生産数：５１，４２９台
　　総生産馬力：６６，４８２，９００馬力
　　となっている。

参考文献

- 「三菱重工業株式会社社史」,三菱重工業株式会社社史編集室,昭和38年
- 「三菱重工業株式会社製作飛行機歴史」,(三菱重工業株式保存資料),昭和21年作成
- 「三菱重工業名古屋航空機製作所二十五年史」,昭和58年
- 「往時茫々」(非売品,全三巻),菱光会,昭和45〜46年
- 「深尾さんの思い出」(非売品),昭和55年刊
- 「深尾淳二技術回想七十年」,昭和54年刊
- 「大幸随想」(非売品),平成9年刊
- 「戦時期航空機工業と生産技術形成」,前田裕子,平成13年,東京大学出版会
- 「二製の疎開」(非売品),堀　康夫
- 「日本航空機総集」(第一巻,三菱編),昭和33年,出版協同社刊
- 「海軍空技廠」(上下二巻) 碇　義郎,昭和60年,光人社
- 「太平洋戦争・日本陸軍機」(航空ファン別冊),昭和62年,文林堂刊
- 「太平洋戦争・日本海軍機」(航空ファン別冊),昭和62年　文林堂刊
- 「日本唯一のロケット戦闘機「秋水」始末記」,牧野育雄,内燃機関34巻・5号) 平成7年刊
- 「中島飛行機エンジン史」,中川良一他,昭和60年,酣燈社刊
- 「異端の空」,渡邊洋二,平成12年,文芸春秋社刊

あとがき

　平成17年（2005年）は，わが国が古くからの体制からの大きな脱皮を行うきっかけとなった太平洋戦争が終結してからから，丁度60年が経過した節目の年となっている。

　この60年間，途中色々な起伏があったにしろ，それまでの持てる国力の殆ど総てを失った，あの悲惨な敗戦のどん底から再スタートしたわが国は，驚異的な立ち直りを示し，現在では世界の経済大国の一つと呼ばれるまでの地位を占めるに至っている。

　この間、過去の多くの記録が次第に移り行く歴史の闇の中に失われつつあるが，本書は三菱重工業株式会社が，大正6年から昭和20年の終戦に至るまでの間に製作した航空機搭載用エンジンの全貌を改めてまとめたものである。

　現在では，主要な軍事用，民間用航空機に搭載されているエンジンの主力は，ターボ・ジェット・エンジンとなっており，第二次世界大戦時までの主力であったレシプロ・エンジンは，今は小型機用を僅かに残して殆ど姿を消してしまっており，終戦間際に日本でも注目を集めた「秋水」のロケット・エンジンも姿を消してしまっている。

　こうした主力エンジンの激しい変動は，時代の変遷に対して最も適応したものだけが残されるという厳しい現実での選択とも言えるが，こうして消え去ったものの総てが無駄なものであったとは言えまい。

　技術の連続性を考えると，淘汰されていったものといえども，一時期それなりの役目を果たしたものであり，その残した実績は将来の技術にも繋がるものとして，決して見逃すことは出来ないと思う。

　特に，第二次世界大戦中にあっては，航空機関連の技術の優劣が，直接一国の運命を左右するほどの重要なものとなっていた。

　明治維新以来，先進国との間にあった技術レベルの格差を必死になって縮めようとして努力してきていた日本ではあったが，その差は容易に縮まるものではな

く，太平洋戦争中にあっては，その差はむしろ広がる一方となっていた。

　こうした中にあっても，三菱の航空用エンジン関係者は，中島と共に良く奮闘したとは言えるものの，対抗するアメリカ他の連合国軍側との差は大きく，多くの問題点を残したまま終戦を迎えてしまっていたのである。

　しかし，戦後の復興を支えた自動車，造船，交通などの各産業部門には，戦時中の航空機関係の技術や技術者が大きく役立っていることは事実であり，その成果が次の日本を支える大きな原動力ともなっていたと思う。

　更に，本書で採り上げた三菱の航空エンジンについても，名機「金星」を産んだ深尾淳二らの実施した開発，生産，運用等に対する合理的手法は，現在にも通じる貴重なものを多く残していることを強く感じている。

　本書をまとめるにあたり，これまでに関連資料を戴いたり，直接お話を伺った三菱重工関係の方々は，

　堀康夫，曽根嘉年，不破輝夫，平山広治，降簱喜平，東条輝雄，加太光邦，服部高尚，佐々木一夫，丹治道生，榊原悟，持田勇吉，西沢弘，疋田撤郎，中野信，西村眞舩，長谷川実，中野信，楢原敏彦，豊岡隆憲，牧野育雄，池田研爾，曽我部正幸，荘村正夫，国村信明，小佐弘，島村弥太郎，関眞治，福田泰治，西堀節三，鶴岡信一，福田考平，河野通陽，相川賢太郎，西岡喬，赤津誠章，日根野鉄雄，藤村威明，兼子勝，蜂須賀鉦三，後藤捷夫，岡野允俊，館松子，前田裕子（順不同・敬称略）。

　などの諸氏であり，中には既に故人となられた方々も含まれているが，ここに改めて厚くお礼申しあげます。

　本書の原稿作成にあたっては，太平洋戦争時には運輸省航空局に勤務されており，その頃の各社航空エンジンに極めて深い造詣をお持ちの中西正義氏に特に監修をお願いしたところ，快くお引受けいただき，全般にわたって適切な助言をいただくと共に，貴重な資料の数々を頂戴したことが，極めて有効であったことを申し添えておく。

最後に，本書の編集や刊行にあたり，終始熱心に御協力いただいた小林謙一社長にも深い謝意を申しあげる次第である。

　本書にまとめた主要発動機の要目は，その計画時，完成時，実用化時などの発表時期によって異っており，どれが最も適切であるか判断に苦しむことが多かったが，出来るかぎり実機に搭載された以降のものをまとめたつもりである。なお，使用単位は以下の通りである。

　　　　気筒径，行程　・・・・・・・・mm
　　　　気筒容積・・・・・・・・・・・ℓ
　　　　重量・・・・・・・・・・・・・kg
　　　　発動機直径・・・・・・・・・mm
　　　　出力・・・・・・・・・・・・HP
　　　　回転数・・・・・・・・・・・rpm
　　　　高度・・・・・・・・・・・・m

2005年（平成17年）8月吉日　著者

校正：新谷昌平

〈著者略歴〉

松岡久光(まつおか・ひさみつ)

1925年大分県に生まれる。
1947年九州大学工学部機械工学科を卒業し，1953年三菱重工長崎造船所に入社。主に原動機(タービン，ボイラー，ガスタービンなど)部門の設計業務に従事。同造船所副所長を経て，三菱重工業取締役，社長室副室長兼企画部長となる。1993年同社特別顧問を退職。
主な著書：『みつびし飛行機物語』アテネ書房　1993年
　　　　　『みつびし航空エンジン物語』アテネ書房　1996年
　　　　　『最後の艦上戦闘機　烈風』三樹書房　2002年
　　　　　『日本初のロケット戦闘機　秋水』三樹書房　2004年

〈監修者略歴〉

中西正義(なかにし・まさよし)

1921年生まれ。
航空局航空機関生卒業。
航空局航空試験所勤務　終戦に至る。
戦後，日本航空株式会社整備本部勤務を経て，(社)日本航空技術協会に勤務し65歳で退職。

三菱 航空エンジン史　　大正六年より終戦まで	
2017年8月5日　初版発行	
著　者	松岡久光
監　修	中西正義
発行者	小林謙一
発行所	株式会社グランプリ出版 〒101-0051　東京都千代田区神田神保町1-32 電話 03-3295-0005(代)　FAX 03-3291-4418 振替 00160-2-14691
印刷・製本	シナノ パブリッシング プレス

©2017　Printed in Japan　　　　　　　　　　　　ISBN978-4-87687-351-7 C2053